人文中国书系

中国古代發明

邓荫柯 著

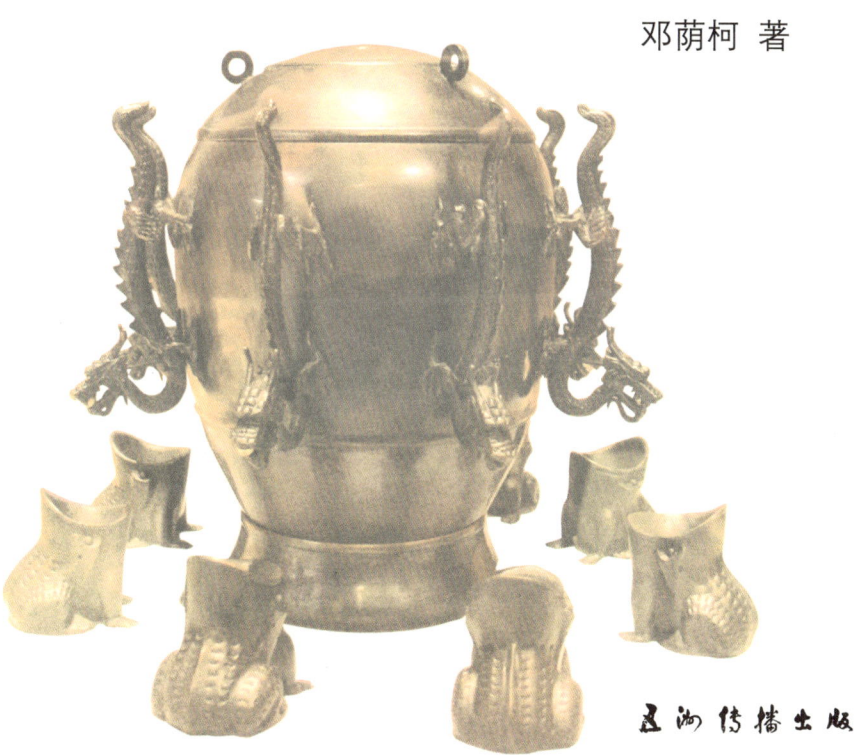

五洲传播出版社

图书在版编目（CIP）数据

中国古代发明／邓荫柯著；—2版．—北京：五洲传播出版社，2010.1

ISBN 978-7-5085-1690-5

I.①中... II.①邓... III.①创造发明－技术史－中国－古代 IV.①N092

中国版本图书馆CIP数据核字（2009）第191067号

中国古代发明

著　　者	邓荫柯
图片提供	中国国家博物馆、文物出版社、Imaginechina、CFP、华觉明、李露露、董　菁、张　普
责任编辑	邓锦辉　吴娅民
装帧设计	田　林
设计制作	北京原色印象文化艺术中心
出版发行	五洲传播出版社（北京海淀区北小马厂6号　邮编：100038）
电　　话	86-10-58891281（发行部）
网　　址	www.cicc.org.cn
承 印 者	北京华联印刷有限公司
版　　次	2010年1月第2版第2次印刷
开　　本	720×965毫米　1/16
印　　张	10
字　　数	100千字
定　　价	44.00元

目　录

前言：发明的沃土　1

四大发明　9
四大发明是最重要的发明吗？ —————— 11
指南针 —————— 12
火药 —————— 15
造纸术 —————— 17
印刷术 —————— 21

N项第五大发明(上)　25
钢铁冶炼和铁器制作 —————— 27
铜冶炼和青铜器 —————— 31
石油的开采和应用 —————— 37
煤的发现和开采 —————— 39
陶瓷 —————— 41
酿酒 —————— 47
养蚕缫丝 —————— 51
茶和茶文化 —————— 55

N项第五大发明(中)　59
星表和星图 —————— 60
日食和月食的观测 —————— 64

测量子午线 …………… 67

张衡和地动仪 …………… 69

郭守敬和《授时历》 …………… 72

十进位制和二进位制 …………… 76

祖冲之和圆周率 …………… 80

十二平均律 …………… 83

N项第五大发明（下）87

中医药 …………… 89

针灸 …………… 94

麻沸散 …………… 98

接种人痘 …………… 101

万里长城 …………… 104

京杭大运河 …………… 107

都江堰 …………… 110

趣味发明集锦 115

风筝 …………… 116

算盘 …………… 120

围棋 …………… 123

热气球 …………… 124

降落伞 …………… 126

弓箭 …………… 128

火柴 …………… 129

中国功夫 …………… 130

足球 …………… 132

高尔夫球 …………… 134

有关发明的重要古代科学文献 135

《考工记》…………… 136
《黄帝内经》………… 137
《伤寒杂病论》……… 137
《齐民要术》………… 138
《梦溪笔谈》………… 139
《营造法式》………… 140
《农书》……………… 142
《本草纲目》………… 142
《天工开物》………… 143
《农政全书》………… 145

附录：中国历史年代简表 148

西汉长信宫鎏金铜灯,河北满城中山靖王刘胜墓出土。

前言：发明的沃土

中国经济高速发展令世界瞩目，中国的影响在全球扩大，全世界都把关注的目光投向这个古老而伟大的国家，当然也希望了解她的过去，从中探求她高速发展的原动力。外部世界从前知道中国有四大发明，但是除此之外，对中国的过去往往所知甚少。事实上，中国是人类文明的一个重要发源地，曾经孕育辉煌的古代科技文明，并且在文明历史的绝大部分时间里走在世界前列，直到19世纪中叶，中国还是世界上一个先进的国家。中国的

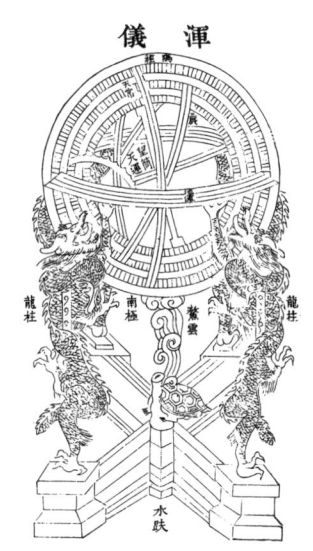

浑仪是中国古代最主要的天文测量工具之一，用于测量天体的位置。图为宋代苏颂所造浑仪示意图。

科学技术来源于"近取诸身，远取诸物"、"仰观天文，俯察地理"的观察和研究，系统地形成了"天人合一"的观念，创造了丰富完备的科学技术，滋润了中华文化和中华文明，也对人类作出了重大贡献。中国古代发明，是一个说不尽的话题，也是一个挖掘不尽的丰富宝藏。

无论从史前算起，还是从人类文明历史算起，几千年来，中国在科学技术方面一直处于领先地位，而这种领先又基本是在封闭的环境中独立实现的。新石器时代，处于萌芽阶段的的畜牧、种植、建筑、陶瓷、纺织、酿造、医药，无不居于世界领先水平。商（前1600—前1046）周（前1046—前256）时期的青铜文化揭开了人类文明的新纪元，为生产力和科学文化的发展开拓了一条康庄大道。春秋（前770—前476）战国（前475—前221）时代是一个充满了深刻的哲理思考和锐利的探索精神，也充满了创造激情的黄金时代。那个时代出现的最重要的发现和发明是炼铁和炼钢，这是人类一切发明创造的基本元素，极大地推动了时代的前进——从青铜文化进入白铁文化，是一个质的飞跃。农垦、水利、手工业迅速发展，形成了天文历法、医药、数学、农学等四大体系。

春秋战国时代为中国科学技术的发展奠定了雄厚的基础，在其后的漫长岁月里，无论是强大统一、疆域辽阔的汉（前206—公元220）唐（618—907）帝国，还是处于暂时分裂局面的魏晋南北朝时代（220—589），无论是社会经济相对稳定繁荣的宋（960—1279）明（1368—1644）两代，还是由少数民族统治主宰的元（1206—1368）清（1616—1911）两代，生产力一直在曲折而顽强地发展着，科学技术也持续地、波浪式地前进着。在文学艺术、历史哲学无比辉煌的同时，勤劳智慧的中国人也留下了自然科学的丰功伟绩，他们发明和创造着生产和生活所需要的一切。除继续发展、完善先秦科学技术的卓越成就，完成了闻名于世的四大发明之外，在冶炼铜铁、发现和开采煤和石油、烧制卓绝的陶瓷、纺织美丽的绸缎和棉布、酿造醇香的美酒、发展神奇绝妙

前言：发明的沃土

都江堰宝瓶口是人工凿山形成的引水口，岷江水从这里被导入内江，用于灌溉。

的中医药学、探求数学天地的精微、寻求物理化学的本源、制造各种巧夺天工的机械和器具、探索星空和宇宙奥秘、制定精密的历法、修建雄伟的万里长城、开凿举世无匹的京杭大运河乃至提出精彩绝伦的声学奇葩十二平均律等等方面，古代中国人民都建树了不朽功业。重要发明、发现层出不穷，有趣而奇妙的发明数不胜数，英名镌刻在史册上的科学巨星熠熠生辉，广大无名英雄

鲁班像

的创造活在后世的感戴之中。战国时期的墨家代表墨子（约前468—约前376）是一位伟大的哲学家、思想家和科学家，他首先发现了小孔成像原理，早于希腊的柏拉图学派。闻名天下的能工巧匠鲁班（约前507—约前444）确定了木匠的基本技艺规范：不用钉子，不用胶粘。他曾做了一把看来极其粗糙、参差错落、摇摇晃晃、即将解体的椅子，但从城楼上摔下去，这把椅子就成了一把坚固完美、毫无瑕疵的椅子！这个传说中的故事形象地展示了中国实用技艺的高超水平和中国人民出类拔萃的智慧。

英国科学家李约瑟（1900—1995）坚定地认为

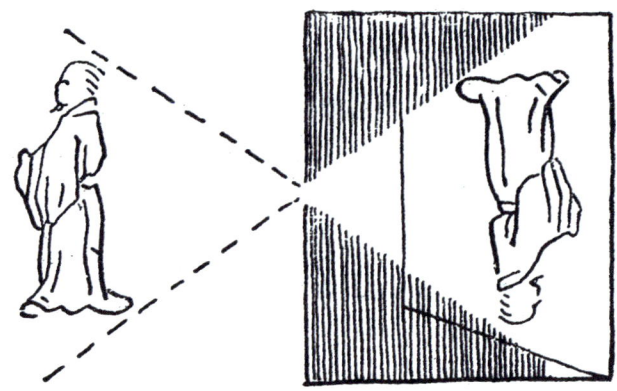

小孔成像示意图

"中国是世界发明的摇篮",他在《中国科学技术史》这部巨著中,用从A到Z 26个英语字母列举出26项重大发明,并且列出西方落后于中国的时间差。这些发明包括铸铁、火药、造纸、罗盘、活字印刷、瓷器、水车等。李约瑟认为,中国总是一个接一个地位居"世界第一",并强调指出英国哲学家培根(Francis Bacon, 1561—1626)关于中国的四大发明彻底改造了近代世界并使之与古代和中世纪划分开来的论述的正确性。

美国学者罗伯特·坦普尔(Robert G. Temple)明确指出:我们所生活的"近代世界"原来是中国和西方成分的最好结合,"近代世界"赖以建立的种种基本发明和发现,可能有一半以上源于中国。甚至奠定了近代文明基础的牛顿第一运动定律、威廉·哈维的血液循环学说,也可以在中国历史发展中找到源头。奠定了工业革命基础的欧洲农业革命,也是引进了中国农业的思想和发明才得以实现的。

谈到中国古代的科学技术发明,首先得提起李约瑟这位伟大的科学技术史家的名字。一个国家的科学技术史的公认权威是一位外国学者,他为这项不朽的事业倾尽了毕生的心血,这件事本身就是一个科学佳话,也是人类文明没有界限的鲜明例证。尽管这世界还充满了战争和冲突,但是国际友谊合作具有永恒的活力和魅力,是我们人类生活的主旋律。英国科学家李约瑟博士本来是一位成就卓越的生物化学专家,本名约瑟夫·尼达姆(Joseph Needham),因为景仰中国古代哲学家老子李聃,改名为李约瑟。1939年,李约瑟在几位中国留学生的影响下,转向研究中国科学技术史,并开始自学汉语。李约瑟在抗日战争时期曾担任英国文化委员会驻华代表、英国大使馆科学参赞,在重庆建立中英科学合作馆,结识了大量中国科学家。在支持中国人民的文化建设之余,他对中国古代科学技术史的研究进入了崭新的阶段,这对处在反法西斯斗争最前线的中国人民是莫大的支持和鼓舞。他钟爱、敬佩古代中国科学家的创造精神和无与伦比的伟大成就,他的研究艰苦卓绝、工程浩大。他广泛研究了卷帙浩繁的文献,考察中国历代的文化遗迹,甚至骑马赴西北实地考察,为撰写他的科学巨著打下了坚实基础。1949年以后,李约瑟担任中英友好协会会长,先后八次来中国考察旅行,大规模地搜集中国科技史料,实地了解中国的政治、经济、科学和文化的发展情况。在引导他对中国科技史产生巨大兴趣的鲁桂珍博士等人的协助下,1954年,他出版了煌煌巨著《中国科学技术史》第一卷。这部作品震动了西方汉学界,鼓舞了中国人的民族自豪感和创造精神。李约瑟是英国惟一具有英国皇家学会会员、英国科学院院士双

李约瑟博士

重身份的科学家,也是中国科学院首批外籍院士之一。

李约瑟在衷心赞叹之余,面对中国古代科学技术的无比辉煌和近现代中国科学技术的可悲衰微这种强烈的反差,又产生了难解的疑问,想探询这种反差是怎样发生的,这就是所谓的"李约瑟疑难"。必须指出,这个疑难并不是李约瑟首先提出的,早在1915年,中国学者就发出过这样的诘问。"李约瑟疑难"的解答是极其繁复纷纭的。中国的官僚体制在很长时间内是促进和保护了科学生产力的发展的,但从明代中后期开始,封建统治的强化、特务政治、闭关锁国,扼杀了在中国东南沿海一带萌发的资本主义幼芽,严重约束了社会生产力和科学技术的发展,而此时正当欧洲文艺复兴中后期。近二三百年来中国科学技术继续停滞落后,清朝的雍正王朝(1723—1735)加剧闭关锁国之后尤甚,而此时恰逢欧洲产业革命时期。当欧洲得益于文艺复兴和产业革命,科学技术呈跃进姿态、以前所未有的加速度突飞猛进的关键时刻,中国的科学技术却随着政治经济环境的急剧恶化陷入空前的困境。

明清两代的闭关锁国的政策无疑大大窒息了中国科学技术的发展甚至生存。没有科学技术界的交流就没有开阔的眼界,没有对世界科学发展的理性认识,就不能借鉴提高,丰富自己。耳目闭塞,鼠目寸光,夜郎自大,井底之蛙,逆水行舟,谈何前进。对人民的高压统治、对精神自由的钳制,无疑阻碍了思想的解放和积极进取、勇于探索的锐气。

在世界科学技术以冲刺般的速度前进的19世纪中叶之后,中国遭到帝国主义列强的侵略践踏,经济命脉受到控制,赔款动辄白银亿两,国势日衰,科学文化事业加剧凋敝零落,当年科学文化昌明之古国盛貌已经荡然无存。

中国古代科技也许还有一种缺憾,就是极度缺乏有意识的交流和推广,更缺乏政府有意识的引导和制度的保护。科学研究往往只是单独的个人行为,和整个社会生活的需求没有紧密结合,科学研究成就往往就随着个体生命的终结而终结。比如,明代百科全书式的杰出科学家朱载堉(1536—1611)发明的十二平均律是律学的伟大成就,但是他的成就没有流传开来,他的研究成果差一点被彻底湮没,欧洲人也根本没有享受到他的研究成果,他的研究自然也后继无人了。作为一国君主的康熙皇帝(1661—1722在位)喜爱数学,以演算代数习题为消遣,但可惜的是,这仅仅是他的一种个人爱好,根本没有提到发展科学、倡导科学研究、推进科学技术的交流的层次上。

中国古代那种"重文轻理"的倾向达到了极致。中国的所谓"学问"就是文学、哲学、历史学、语言学,就是经学、八股文章和文人间互相唱酬的诗词歌赋,生产和生活需要的科学技术始终被看作品格低下的琐事和俗务。中国知识分子的自然科学素质之低是惊人的。在为中国科学技术发展作出贡献的名单中,除了几位兼管天文历法的史官之外,极少有得到政府资助和奖励的人士。相反,皓首穷经、精研八股文技巧成了全民族的追求。研究、献身于自然科学的人在全部知识分子中的比例之低也是惊人的。几乎没有有目的培养科学人才的机制,中国的大学也大都是文科大学。在人口众多、读书者也不乏其人的大国中,真正献身于自然科学技术研究的人就严重地相对稀少,而且随着科举取士的制度的加剧推行,这种趋势日益严重,科学研究人才的匮乏也日益严重。

另外，中国人对科学的思维多集中在一些和哲学结合的问题，以及一些实用技术上，对具体环节的科学问题比如物理学、化学、生物学基础理论较少关心，也缺乏有目的的科学试验的经验和兴趣，在近两三个世纪欧洲科学技术大爆炸式的发展中就很容易被抛在后面。

对中国古代发明进行一番简单回顾和梳理，认识到中国人的聪明智慧和强大的创造才能，可以找到中国近30年来经济、文化和科学技术迅猛发展的内在动因。蕴藏在中华民族亿万人民身上的聪明才智和坚强意志是一种不可估量的精神力量。中国改革开放年代在漫长历史上只是匆匆一瞬，但经济发展的水平大幅提高，科学技术方面和西方先进国家之间的差距正在奇迹般地缩小，已经有某些领域处于国际先进地位。中国已经深刻认识到科学技术对发展生产力的巨大推动作用，改革开放的总设计师邓小平就明确指出"科学技术是第一生产力"，中国政府已经将"科学立国"当作了基本国策。中国科学技术在长远规划制定、基本设施建设、科技人才培养、科学信息交流等方面已取得长足进展，而且还在争分夺秒地追赶、奋斗，以期实现中华民族的伟大复兴，当然也包括科学技术的复兴。重现古代科学的辉煌，前景无限广阔，一片光明。

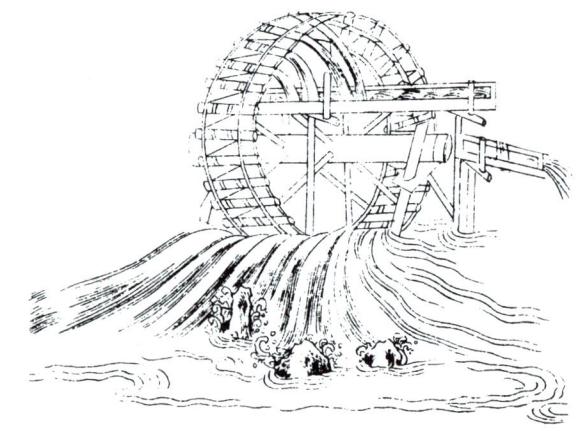

四大发明

繁荣了上千年的"丝绸之路",是古老的中华和世界交流的主要渠道。

四大发明是最重要的发明吗？

"四大发明"不是中国人的结论，而是对中国文明持现实态度的外国学者的论断。四大发明的文化价值为世界所公认。弗朗西斯·培根说："我们应该看到各种发明所具有的力量、效能和后果。这些发明，无论从哪方面看，都不如古人闻所未闻的那些发明，即印刷术、火药和指南针来得惹人注目，因为这三项发明已经使整个世界的面貌和状况为之一变。"美国学者德克·卜德（Derk Bodde，1909—2003）说："倘使没有纸和印刷术，我们将仍然生活在中世纪。如果没有火药，世界也许会少受点痛苦，但另一方面，中世纪欧洲那穿戴盔甲的骑士们可能仍然在他们有护城河围绕的城堡里称王称霸，不可一世，而我们的社会可能仍然处在封建制度的奴役之下。最后，如果没有指南针，地理大发现的时代可能永远不会到来，正是这个地理大发现的时代刺激了欧

中国发明远播五大洲四大洋，对世界文明的发展作出了极大的贡献。

洲的物质文化生活，把知识带给了当时人们还不了解的世界，包括我们美国。"但是四大发明之说并不一定能准确全面地反映中国古代科学技术发明的成就，它是从东西方交流这一层面所作的评判，尤其是考虑到四大发明作为推动欧洲资本主义发展的强大动力在西方历史上取得了令人瞩目的成就。于是，这几项西方当时最缺乏、最需要的技术被当作了中国最重要的科学技术成就。其实，中国古代的科学技术成就远不止这四大发明，在农耕技术、铁铜冶炼、油煤开采、机械制作、中医药学、天文数学、陶瓷、丝织和酿酒等方面都取得了丰硕而巨大的成就，这些和国计民生、和人们的日常生活密切相关的领域所取得的成就，极其有力地推动了中国古代生产力和社会生活的进展。有些发明的价值是远远超过四大发明的，很多发明，起码可以和四大发明的伟大成就相提并论。

当纸在欧洲风行时，漫长的中世纪即将结束，文艺复兴的曙光开始闪现。图为欧洲文艺复兴时期的书稿。

在比较全面地介绍中国古代发明之前，我们还是从已经享誉世界的四大发明入手，作一扼要回顾。

指南针

"神星斗前迈，若晦冥，则用指南浮针。"

《宣和奉使高丽图经》

指南针用来指示方向。指南针和指南车是两项发明，指南针结构比较简单，主要由一枚灵活转动的磁性指针和一个方位刻度

四大发明

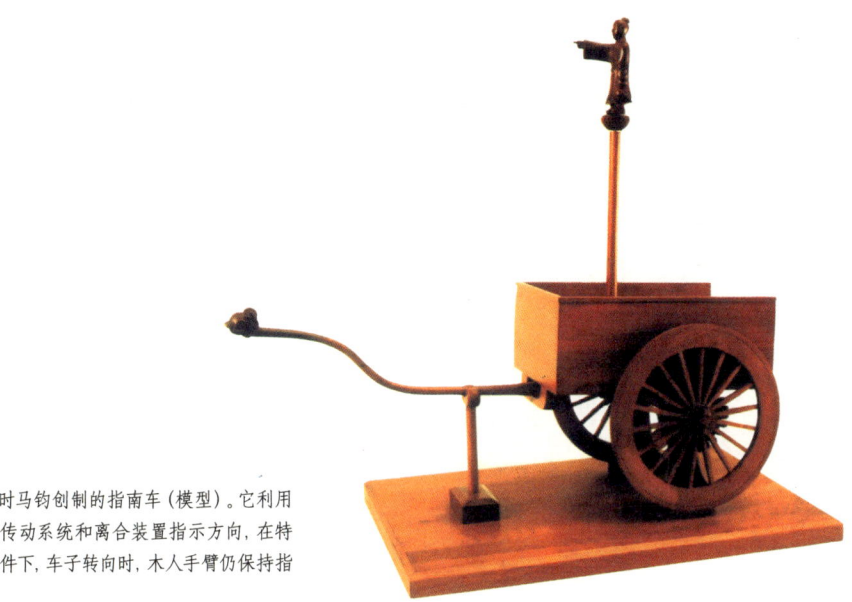

三国时马钧创制的指南车(模型)。它利用齿轮传动系统和离合装置指示方向,在特定条件下,车子转向时,木人手臂仍保持指南。

水浮法指南针(模型)。将磁鱼平放在瓷碗的水面上,静止时,鱼之首尾分别指示南北。

缕悬法指南针(模型)。将独根蚕丝用蜡粘贴磁针的中部,磁针垂于方位盘中心上方,静止时,其两端分别指示南北。

盘组成，指针永远指向南方；而指南车的关键部位也是指南针，但另有一套复杂的齿轮传动系统，让小车上的小木人也永远指向南方。发明指南针和指南车的关键，是发现纵贯天地间的那种奇异而无形的磁力和磁力线。这种磁力极其微弱，但是足以让质量极小、可以自由转动的磁体或磁性金属指针发生移动，而且指针无论何时，永远指向南方。虽然当时的人还不能正确解释这种磁力的根源，不知道地球南北磁极以及磁极的作用，但是他们却极其聪慧地运用这一发现，发明了指南针。

最早的传说是，中华民族的共同祖先之一神农氏和另一强悍部族首领蚩尤作战时，遇到大雾，因而大败。神农氏向更强大、更有声望的黄帝求助，黄帝制造了指南车送给神农氏，让他在大雾中也能分辨方向，于是打败了蚩尤。另一个传说是，3000年前，周武王伐殷纣王，建立周王朝，各国来贺，协助武王统治的周公赏给来自越南境内的越裳氏一辆指南车，以便他们能辨别方向，顺利回家。而这些美好的传说并无确切的历史考证，真正可以稽考的历史记录大约在那个风云激荡的三国（220—280）时期，发明家马钧重新制作出久已失传的指南车，但是对指南车的做法记载也不详。直到北宋（960—1127）时期，大科学家沈括（1031—1095）才在他的百科全书式的科学巨著《梦溪笔谈》中对指南针的几种移动类型进行了详细描述：水浮法、缕悬法、指甲法和碗唇法。

中国是最早利用指南针指引航海的国家，指南针的发明并向西方传播，对航海业产生了极大影响，被认为是中国对人类的巨大贡献。早在公元12世纪初，北宋政府曾派出庞大船队出使朝鲜，记载这次出使经过的《宣和奉使高丽图经》说，船队航海，

指南针的运用促进了航海事业的发展。图为《天妃经》卷首的明代郑和下西洋图。

夜晚"神星斗前迈,若晦冥,则用指南浮针"。指南针的运用,弥补了仅仅靠观察天象导航的不足,开创了全天候导航的新时代。指南针通过丝绸之路传到了阿拉伯,后来又传入欧洲。欧洲利用指南针导航大约在12世纪之初。

火药

"硝性至阴,硫性至阳,阴阳两神物相遇于无隙可容之中。"

《天工开物》

火药是中国古代科学技术的杰出代表之一。火药是古代炼丹术士发明的,其主要成分是硫磺、硝石和木炭。它是在唐代发明,在宋代成熟发展的。火药,顾名思义就是能着火的药,其中的硫磺和硝石都是药材。在汉代的《神农本草经》中,硝石、硫磺都被列为重要药材，明代李时珍（1518—1593）的《本草纲目》中也说，火药可以治疗疮癣，可以杀虫。炼丹术士们没有发明出长生不老的仙丹，却积累了丰富的化学知识。由于硫磺的化学性质活跃，毒性过大，容易着火，于是他们将硝石、木炭与之混和起来加热。硝石是一种强氧化剂，会使硫磺部分燃烧，减低其毒性，从而减少容易起火的特质。这种方法被当时的一位医药学家孙思邈（581—682）在其有关化学性质的著作《丹经》中称为"伏硫磺法"。在施行伏硫磺法的过程中，他发现，硫磺、硝石（硝酸钾）、木炭适当混和起来可以产生爆炸。这种技术传到军事手工业工匠手中之后，他们开始对原料的配方加强研究，经过多次试验，改变几种原料的配比，终于掌握了火药在密封条件下燃爆的技巧，使火药成为可控制的实用性爆炸物。

　　北宋时，工程技术史专家曾公亮在其专著《武经总要》（1044）中，详细记载了三种火药的配方：火炮火药方、毒药烟球火药方、蒺藜火球火

炼丹术士们没有发明出长生不老的仙丹，却积累了丰富的化学知识。图为炼丹爆炸图。

火药广泛应用于鞭炮。图为旧时过节放爆竹的情形。

四大发明

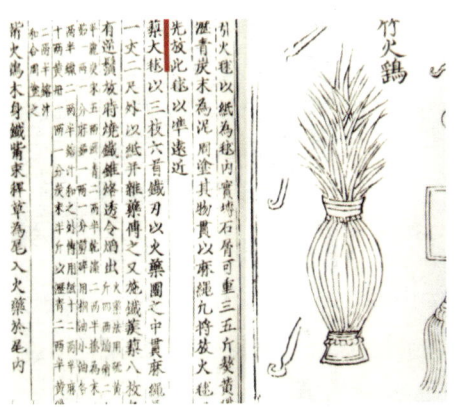

北宋《武经总要》所记载的火药配方

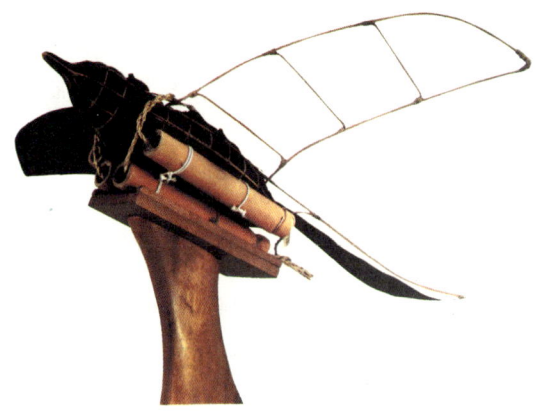

明代的神火飞鸦,腹中装有火药,可飞百余丈,着陆后可以烧敌人的军营粮草。

药方。《武经总要》还简明地记述了几种火药的制作方法和原料配比。可以看出,硝石在其中的比重已经超过了硫磺和木炭的总和,已经接近现代黑色火药的比例。紧接着,北宋时又创造出使用火药的各种轻重型武器,其中最著名的是"突火枪",它也成了近代枪炮的开端。13世纪时,元朝发兵西征中亚,火药和火炮的技术传到阿拉伯世界,又由阿拉伯人传到欧洲。欧洲记载制造火药的配方是在1327年。

造纸术

"缣贵而简重,并不便于人。伦乃造意,用树肤、麻头及敝布、鱼网以为纸。"

《后汉书·蔡伦传》

在漫长的历史时期中,纸张是传播和保存人类文明信息的主要手段。那些伟大的哲学家的深邃思考,文学家的优美情思,政

治家的机警智慧,科学家的辉煌发明,历史学家的严肃记录,大都是靠纸张记载、保存下来的;构成现代文明重要组成部分的书籍、报刊、书信、簿记、票签、档案,也都是纸张的表演平台。中国古代文字的书写经历了几个阶段,先在龟壳和动物的胛骨上写,称为甲骨文,又有在青铜器上刻铸的钟鼎文,春秋战国时代采用竹简、木牍,也在缣帛上书写。比起动物甲骨和青铜器,在竹简和缣帛上书写当然方便多了,而且竹简书写还可以修改,反复使用。

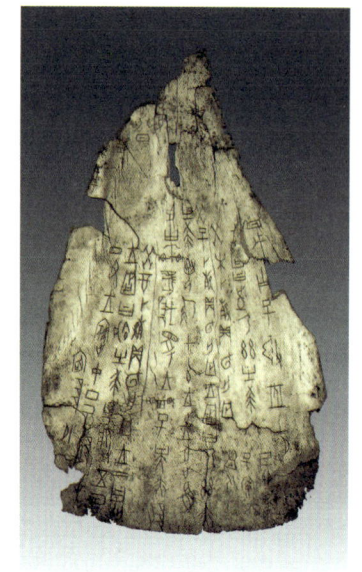

距今三千多年的甲骨文。龟甲和兽骨是人类早期的书写材料。

但是,无论是竹简还是缣帛都有缺点。竹简太笨重,一本书动辄要用一辆车甚至几辆车运送。战国时期的大学者惠施(前390—前317)往往带着五车竹简的著作,"学富五车"这句成语就是这么来的。还有一次,大

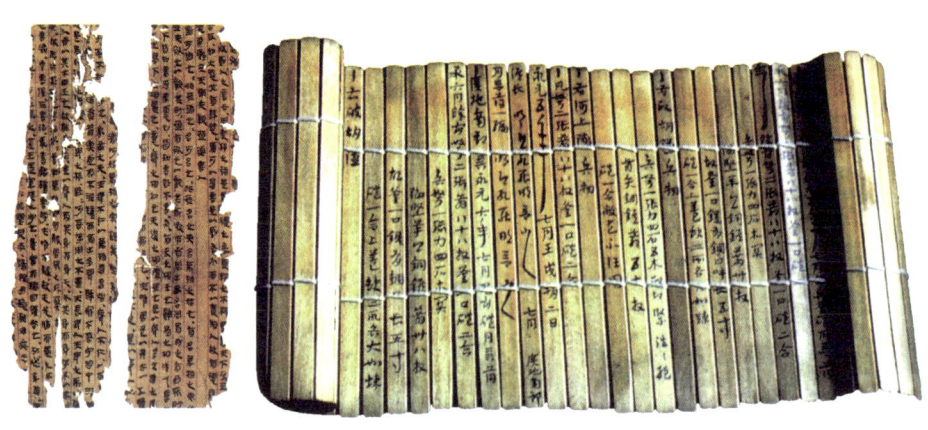

图为写有文字的帛书和竹简。缣帛贵而竹简重,人们寻找着更价廉物美的书写材料。

臣给汉武帝（前140—前87在位）的奏折是两个人抬进宫去的，汉武帝整整看了两个月。而缣帛又太贵，以那时的生产力，这种珍贵的纺织品一般人是承受不起的。时代迫切要求更方便、更轻巧的书写材料。

其实，造纸术早在公元前的西汉（前206—公元25）时期就已经产生了，1957年在西安市郊出土的灞桥纸，是大麻和苎麻做成的，1986年在甘肃天水出土的纸绘地图也证明是植物纤维纸张，大致是以丝、麻之类为原料。但是最初的纸张还比较粗糙不平，不太适合书写，造纸原料也不太充足。东汉（25—220）宦官、尚方令蔡伦（？—121）对造纸术进行了革命性的改造，极大地扩大了原料的来源。他采用树皮、麻头、破麻布、破鱼网为原料，经过水浸、切碎、草木灰蒸煮、清水洗涤、石臼捣碎做成纸浆，再将纸浆均匀地平铺在平板上，晾干或揭下来烘烤，就成为纸张了。这种造纸术在千百年的历史长河中不断发展改善，日趋完美纯熟，后来又有了用竹帘捞取纸浆的新方法，造纸的原料来源也得到了进一步的扩大，竹、芦苇、藤、稻草、麦秸、麻、桑树皮、楮树皮甚至檀香木树皮等皆可造纸。随着技艺的提高，又造出了薛涛笺、十色笺、澄心堂纸、暗花纸等优良品种，或洁白如雪，或润滑如玉，或有云影暗纹……直到今天，广东四会市郊区邓村镇的居民还保留着蔡伦造纸的全部技巧，按照蔡伦造纸的工序，以当地盛产的竹子为原料，造出了质量极其优良的竹纸，远销东南亚各国。人们参观造纸过程，仿佛走进了历史，重温蔡伦造纸的全过程。

蔡伦像

造纸工序图

中国的造纸术最先传到朝鲜和越南，公元7世纪传入日本，8世纪传入阿拉伯世界，12世纪中叶传入欧洲，400年后又传入南美洲。中国在公元前2世纪至18世纪的2000年中，一直处于世界造纸术的领先地位，对知识的传播和记录、文化的积累和交流起到了难以估量的作用。英国哲学家弗朗西斯·培根在评价包括造纸术在内的中国四大发明时说："它们改变了世界上事物的全部面貌和状态，又从而产生了无数的变化；看来没有一个帝国，没有一个宗教，没有一个显赫人物，对人类事业曾经比这些机械的发明施展过更大的威力和影响。"

印刷术

"其法用胶泥刻字，薄如钱唇，每字为一印，火烧令坚。"

《梦溪笔谈》

毕昇像

书籍、纸张、印刷术，是三位一体的珍宝，对发展和积累人类文明成果、传播科学文化知识和促进各民族的友谊，功劳极其巨大。印刷术是一个复杂而漫长的话题。我们所说的印刷术，是指流传到世界各地的雕版印刷和活字印刷两项技术，后者是毕昇（？—约1051）在总结前人经验基础上发明的。雕版印刷术大约发明在隋（581—618）唐之际，是由早在春秋战国时期就已经发明的印章和拓石两种方式发展而成的。纸张的发明，墨的发明，对探索和完善雕版印刷术起到了促进作用。雕版印刷术的方法是：工匠先把糨糊或胶质涂在木版上，然后把写有文字的半透明稿纸贴在木版上，字就成了反体，刻工把字刻在木版上，让字凸现出来，版面上涂上墨，覆上纸，用特制的刷子轻轻一刷，文字就印在木版上了。中国最早的雕版印刷品是唐代懿宗咸通九年（868）的《金刚经》。五代（907—960）时期，政府的文化机构大规模刻印古代文化典籍，民间刻印也十分流行。宋代刻印的另一部佛教经典《大藏经》，雕版达13万块之多。但是这种雕版印刷还是太繁难了，一部书往往要花费几年工夫，雕好的版片也要好大的屋子存放。雕版印刷术首先传播到朝鲜和日本，日本至今尚保存有公元770年雕版印刷的《陀罗尼经》。雕版印刷术于12世纪传到埃及，14世纪传到欧洲。

1974年山西应县出土的辽代雕版印刷珍品《炽盛光九曜图》

时代呼唤活字印刷术的诞生！宋代的毕昇生活在雕版印刷的全盛时代，但是他不满足于这种极其繁杂的印刷技艺，通过长期的实践和艰辛的探索，终于成功发明了活字印刷这种既经济实用又节时省力的印刷方法。直到20世纪才盛行的铅字排版印刷术和毕昇当年的发明原理是完全一致的。沈括在《梦溪笔谈》卷十八中，简略可靠地记述了毕昇的具体印刷方法。他的方法主要分三大步骤：一是刻字，把活字先在胶泥上刻出凸型反字，用火烧硬，成为单个的胶泥活字，按韵部分类放在特制的木盘里备用；二是做版，把活字按照稿本密密排在一块围有铁框的铁板上，铁板上预先敷上一层松香、蜡、纸灰混合的蜡脂，拿到火上一烤，蜡脂就融化，再用一块铁板压平，那些活字就固定在铁板上，形成了一块印刷版；三是印刷，方法与雕版印刷类似。为了提高效率，在用这块印刷版印刷的同时，另一块铁板上的排字就开始了，两块版交替使用，印刷速度很快。他的活字木盘里的字也根据常用字和生僻字分别刻制出不同数量，以备排字做版之用。沈括兴奋地写道："若印数十百千本，则极为神速。"毕昇之后，后人继承他的创造，又发明了木活字。元代著名农学家王祯在其专著《农书》中就详细记述了他自己的创造。王祯还发明了极其有效的自由旋转的活字轮盘，一个人可以坐在两个轮盘之间，自由而顺利地摘取任何一个活字排入版中。王祯做过一次试

毕昇泥活字版（模型）

验，一部6万多字的《旌德县志》，不到一个月的工夫，就印制了100部，这在当时，是非常了不起的成就！王祯之后，木版活字印刷一直在中国非常流行，明清两代更加盛行。乾隆三十八年（1773），清政府曾经用枣木刻成25万多个大小活字，先后印成《武英殿聚珍版丛书》138种，共2300多卷，这是中国历史上规模最大的一次木版活字印书。木版活字印刷之后，印刷研究者又相继发明了金属活字，明代弘治元年（1488）出现了铜活字，16世纪初又出现了铅活字。

活字印刷术在14世纪传到朝鲜和日本。1450年左右，德国人谷登堡（Johnnes Gutenberg，约1390至1399—1468）仿效中国活字印刷术的原理初步制成了铅活字。

王祯设计发明的转轮排字盘（模型）

N项第五大发明（上）

秦始皇陵陪葬的铜车马

由于四大发明的绝对声誉，很多研究中国科学技术史的专家学者也想把自己致力研究的领域的重要性和崇高价值提高到第五大发明的高度。由于李约瑟的艰苦努力，由于新的历史研究和考古发现不断问世，也由于中国科学技术史工作者的辛勤工作，中国古代科技发明日益引起全世界的注目。第五大发明成了科学史家追求的目标，但也是永远不能达到的目标，不会再有第五大发明的提法了。不算那些极不严肃、极不科学的的玩笑，可以考虑列为第五大发明的就不下二十几项。中国在金属冶炼、油煤开采、农田耕种、棉丝纺织、中医中药、天文历法、古代数学、陶瓷工艺、古代律学、建筑工艺、机械制作、农田水利等方面，都做出了骄人的、不朽的业绩。大概从中任意举出几项，都具有可以和四大发明相媲美的科学和实用价值。我们在这里列举出其中最重要、也最便于描述的突出例证来，把中国古代科学发明的精粹和光彩展示给对这一问题感兴趣的各国读者。

钢铁冶炼和铁器制作

"上有赭者，下有铁。"

《管子》

河北藁城商墓出土的铁刃铜钺

中国古代的炼铁和铁器制造技术意义极为重大，铁器是推动历史前进的巨大动力。20世纪中国考古发现证明，中国在春秋晚期，铁器制作就极其繁荣兴盛，到了战国末年，已经进入炼铁和铁器制造的黄金时代。不断出土的考古新发现，有力地证明了历史上中国冶铁技术

成熟而趋于完备，远远领先于世界各国。

　　古代世界冶炼生铁的技术最早发现于中亚，但是由于炼铁炉过小，鼓风力弱，只能炼出海绵状的块炼铁。从春秋晚期开始，中国在炼铁技术上就开始独领风骚，竖式炼铁炉成了生铁冶炼的主要设备。特别是到了汉代，国家专营的冶铁作坊技艺精进，使生铁得以大量生产。

　　高炉的鼓风设备叫"橐"（音tuó），是一只皮制的鼓风机。这种橐，在汉代又作了进一步的改进，由皮革制作的风囊和木架构成，有入风口和排风口，把几个橐连在一起的称为排橐或排，它可以增大进风量，增强燃烧的火力，把炉温迅速提高到炼铁所需要的摄氏1200多度。最早，橐用人力畜力带动。据史书记载，当时的炼铁，需要上百匹马拉动大型排橐鼓风，加上装运矿石的

五代时的大型铸件——沧州铁狮

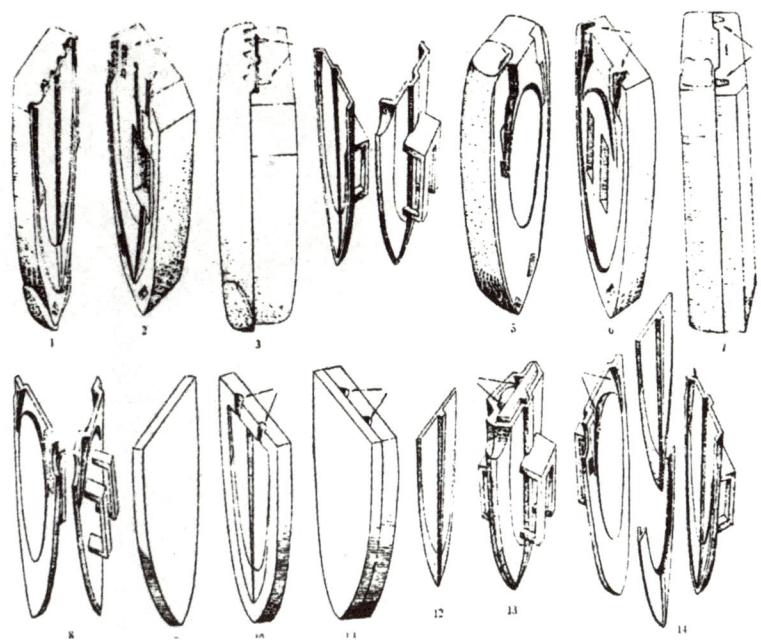

汉代铁范铸铧工艺流程图

成百上千的工人，真是人强马壮。但是，无论人力还是畜力鼓风机都不能满足日益发展的炼铁的需要，炼铁业呼唤更有力的鼓风机的出现，于是功率更强大的水力鼓风机——水排应运而生了。元代的王祯在《农书》中详细记载了水排的结构和工作原理，并绘图说明。水排是在湍急的水流之滨竖立起的巨大的木轮，靠水流的冲击力带动木轮转动，再由传动机构带动橐排的转动，从而将强大的风吹入高炉。古代水力鼓风机所包括的动力机构、传动机构和工作机构三部分已经达到相当完备的程度，制作技术和尺寸大小和中国高炉的规模相适应，举世无匹。欧洲出现水力鼓风机是在12世纪。

铸铁柔化术是中国古代钢铁业的另一重大发明。铸铁炼制出来之后，因为性脆、缺乏韧性而不适合锻造优良的铁器。而适合锻造铁器的铸铁，因热处理的温度和方法的不同，分作白心可锻铸铁和黑心可锻铸铁两种。白心可锻铸铁具有比较高的硬度和强度，黑心可锻铸铁具有较好的耐冲击性。西方人写的冶金史著作都认为，

一农之事，必备多器，铁农具的使用促进了当时农业生产力的发展。图为战国时的铁锄。

这两种极其重要的、有实用价值的铸铁都是欧美的发明，其中白心可锻铸铁是法国人在1722年发明的，所以又称"欧洲式可锻铸铁"，黑心可锻铸铁则是美国人在1826年发明的，又称"美国式可锻铸铁"。然而，根据史书记载和考古发现提供的证据，中国比西方早近2000年就发明了制造黑心和白心可锻铸铁的技术。这种技术的关键是将普通铸铁长时间高温加热，使其中的化合碳发生变化，当碳的含量介于铸铁和钢之间，其性质也随之变化，具有较强的延展性并保持了一定的硬度。这种技术叫铸铁柔化术。河南洛阳出土的铁铲、湖北大冶铜绿山古矿井出土的六角锄，都是白心可锻铸铁制造的。

　　炒铁是古代中国钢铁冶炼的重大发明，是一种简便有效的炼铁术。方法是把含碳量过高的可锻铸铁加热到半流体状态，再和铁矿石粉混和起来不断"翻炒"，让铸铁中所含碳元素不断渗出、氧化，从而得到中碳钢或低碳钢。如果继续炒下去，就得到含碳更低的熟铁。这种方法始于西汉，东汉的《太平经》中就明确记载了炒铁技术，在河南巩县的古冶铁遗址中也发现了以炒铁

制作的铁币和炒铁炉。

史书、传说中那些炼制兵器的杰出工匠的名字和故事为辉煌的冶炼业增添了动人的光彩。据说干将和莫邪是春秋时代的一对夫妻，楚王命令他们三年内铸造成名为干将、莫邪的雌雄二剑。这是两口经过千锤百炼的极品宝剑，吹毛可断，削铁如泥，寒光闪闪，光可鉴人。干将知道暴虐残忍的楚王会因为铸造得太慢而残杀他们，就藏起了雄剑干将不献，留给儿子，希望儿子为他报仇。后来干将的儿子赤果然实现了父亲的嘱托，向暴君报了仇。

铜冶炼和青铜器

"金有六齐。六分其金而锡居一，谓之钟鼎之齐。"
《周礼·考工记》

世界上最早的铜器是在土耳其发现的，距今已有9000年的历史。中国最早的铜器是在仰韶文化时期，距今已有6000余年。公元前2500年的龙山文化遗存中发现的青铜器是铜和锡的合金，有时还含有一定的铅。其残片厚薄均匀，是用多陶范法铸造的青铜器。齐家文化遗存处出土有一些青铜器、黄铜器、红铜器、铜镜、炼铜坩埚的整体或残片，还有炼铜剩下的铜渣。这说明公元前2000年的齐家文化已进入青铜时期。夏代（前2070—前1600）是一个基本掌握了青铜冶铸技术的时代，在著名的考古发掘地河南偃师二里头出土的一件铜爵最

【仰韶文化与龙山文化】

仰韶文化是黄河中游地区重要的新石器时代文化。1921年在河南省三门峡市渑池县仰韶村发现，所以被称为仰韶文化。它的持续时间大约在距今7000年至5000年之间。它的分布在整个黄河中游，从今天的甘肃省到河南省之间。生产工具以较发达的磨制石器为主，骨器也相当精致。有较发达的农业，作物为粟和黍。饲养家畜主要是猪，并有狗。仰韶文化的制陶工艺相当成熟，器物规整精美，陶器上常有彩绘的几何形图案或动物形花纹。

龙山文化泛指中国黄河中、下游地区新石器时代晚期的一类文化遗存，属铜石并用时代文化。因首次发现于山东章丘龙山镇而得名，距今约4350—3950年。分布于黄河中下游的山东、河南、山西、陕西等省。一般认为，其中的河南龙山文化是仰韶文化的继承文化。

能说明当时的青铜工艺水平,含铜92%、锡7%,系复合范铸造而成。

青铜时代的鼎盛期是商、西周(前1046—前771)、春秋及战国早期,延续时间约1600余年。这个时期的青铜器主要分为礼乐器、兵器及杂器。乐器主要用在宗庙祭祀活动中。礼器在古代繁文缛节的礼仪中使用,或陈于庙堂,或用于宴饮、盥洗,还有一些是专门作殉葬用的明器。青铜礼器带有一定的神圣性,不能在一般生活场合使用。所有青

河南偃师二里头出土的青铜爵

铜器中,礼器数量最多,制作也最精美。礼器种类包括烹炊器、食器、酒器、水器和神像类。礼乐器可以代表中国青铜器制作工艺的最高水平。兵器中有戈、殳、戟、矛等。这一时期的青铜器装饰最为精美,文饰种类也较多。青铜器最常见花纹之一,是饕餮纹,也叫兽面纹。商周两代的饕餮纹类型很多,有的像龙、像虎、像牛、像羊、像鹿,还有的像鸟、像凤、像人。西周时代,青铜器纹饰的神秘色彩逐渐减退。龙和凤仍然是许多青铜器花纹的母题,可以说许多图案化的花纹,实际是从龙蛇、凤鸟两大类纹饰衍变而来的。

中国古代青铜器有两个突出特征:一是制作工艺精巧绝伦,二是规模宏大,显示出古代匠师们巧夺天工的创造才能和雄伟气

概。用陶质的复合范浇铸制作青铜器的和范法，在中国古代得到充分的发展。陶范的选料、塑模、翻范、花纹刻制均极为考究，浑铸、分铸、铸接、叠铸技术非常成熟。随后发展出来毋须分铸的失蜡法工艺技术，无疑是青铜铸造工艺的一大进步。在青铜器上加以镶嵌以增加美感，这种技术很早就出现了。镶嵌的材料有绿松石、玉、红铜等，春秋战国时也有用金、银来镶嵌装饰的青铜器。西周的青铜器还有一个特点，就是铭文普遍存在而且字数很多，西周康王的大盂鼎就有291字，毛公鼎有497字。这些铭文被称为金文，不但显示了青铜器制作的精美和冶铸水平，而且也成为极其重要的历史文献，起到证史补史的作用。

青铜器冶铸以其宏大壮丽引人注目。商周时期出土的青铜器中，不乏上百公斤的礼器，其中最著名的要数河南安阳殷墟出

有龙凤装饰的青铜器

河南安阳殷墟出土的司母戊大方鼎

土的司母戊大方鼎。它是商代晚期的器物,高133厘米,长111厘米,宽79厘米,1995年测定重达832.84公斤,是中国商周时代最大和最重的青铜器,也是世界上最大的古青铜器之一。它造型瑰丽浑朴,典雅庄重,鼎外布满了花纹,人们在它面前,会感受到一种力量,受到某种震撼。它的形象往往作为中国古代文明的象征而出现。

东周(前770—前256)时代,冶铸技术迅速提高,这时期的手工业技术专著《考工记》中对制作钟鼎、斧斤、弋戟、大刃、

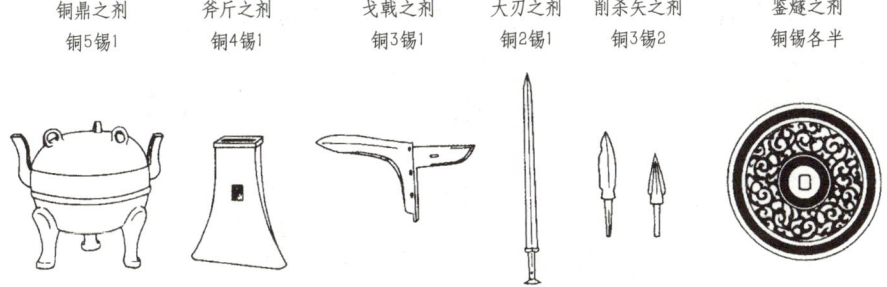

"金六剂"（配制青铜的六种方剂）示意图
"金六齐（剂）"是《考工记》关于合金成分的叙述，是先秦时期中国青铜器制造工艺的总结。

削杀矢、鉴燧等六种青铜器的合金比例作了详细的规定。由于战争频繁，兵器铸造得到了迅速发展，特别是吴、越的宝剑，异常锋利，名闻天下。这个时期还出现了一些著名的铸剑的匠师，如干将、欧冶子等人。有的宝剑虽已在地下埋藏2000多年，但仍然可以切开成叠的纸张。1965年出土的越王勾践剑，其表面经过一定的化学处理，形成防锈的菱形的花纹，异常华丽，毫无锈蚀，色泽如新。

古代青铜器另两件震惊世界的精品是在陕西临潼秦始皇陵掘获的两乘铜车马。第一乘驾四马，车上有伞盖，御者为坐状。（图见本书第26页）第二乘长3.17米、高1.06米，可以说是迄今发掘到的结构最复杂的青铜器，其造型的完美和精致、马匹的生动和威猛令人惊叹。这两乘车马均为青铜器铸件构成，按照秦始皇生前乘舆的1/2大小制作，通体施以彩绘，

越王勾践剑

铜绿山古铜矿遗址内纵横交错的古代的采掘井巷

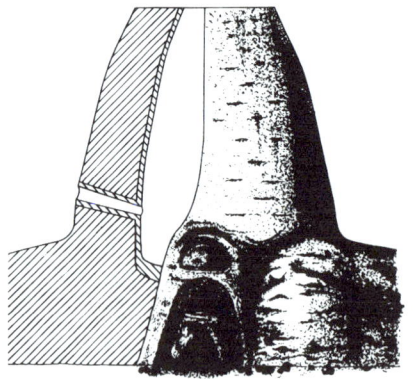

铜绿山春秋炼铜炉复原图

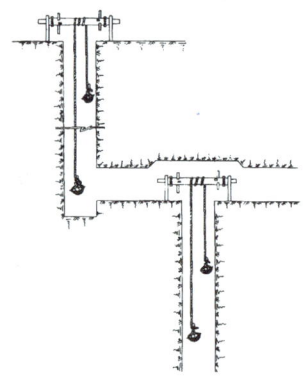

铜绿山古铜矿遗址的矿井提升示意图

车马上还有不少金银饰件，真实再现了秦始皇车驾的风采。

中国古代铜冶金的成就杰出而全面，不仅有青铜，还研究出了水法炼铜、黄铜和白铜，就冶铸规模来讲也是举世无匹的。湖北大冶铜绿山的古铜矿遗址南北长2公里，东西宽1公里，占地14万平方米，矿井深达50多米，竖井、巷道、平巷等构成了完整的矿井体系，矿石初选在井下进行，巷道支护、照明、排水、提运等一系列复杂问题也得到了解决。

石油的开采和应用

"泽中有火。"

《易经》

已经成为当今世界工业交通的血液和人们日常生活动力的石油，最早的发现者、采集者和应用者就是古代中国人。早在3000多年前，中国最古老的经典之一《易经》中就有了"泽中有火"的记载，中国的第二部历史著作《汉书》中则进一步明确指出"高奴县有洧水可燃"。高奴县在今陕西延安一带，洧水为延水支流，中国古代石油的发现、开采和应用全在这一地区；也可以说，陕北地区是石油的摇篮。晋代（265—420）范晔著《后汉书》说："延寿县县南有山，石出泉水，其大如笋，不可食，县人谓之石漆。"到了唐代，段成式的《酉阳杂俎》更细致地描绘了石油的性状和用途："高奴县有洧水，水腻，浮上如漆，采以膏车及燃灯极明。"

11世纪的沈括在《梦溪笔谈》中对石油的性状、用途、前景都作了明晰全面的阐述。他说："鄜延境内有石油，予知其烟可

用，试扫其烟为墨，黑光如漆，松墨不及也。……此物必大行于世，自予始为之，盖石油至多，生于地中无穷，不若松木之有时而竭。"他将制造的墨命名为"延州石液"。沈括是第一个为石油命名的科学家，他也极其准确地预见了石油烟可用于制墨的前景。

开井口

中国也是第一个炼制石油的国家，北宋设在开封的军事工业作坊"猛火油作"表明当时已经开始炼制石油并在军事上加以应用。把炼制好的猛火油灌入铁罐投掷到敌阵，引起大火，这就是最初的"燃烧弹"。中国还是第一个会开掘石油矿井的国家。首先是在采盐的盐井上利用了天然气。晋代张华的《博物志》记述了四川自贡取气煮盐的情况："临邛火井一所，纵广五尺，深二三丈，先以家火投之，再去井火，还煮井水。"接下来是油气井的开凿。1041年开凿的一口盐井，直径如碗口，深数十丈，使用的工具是"圜刃"，它和现代钻机的原理是一样的。13世纪，中国人打出了第一口油井。明朝末年，在四川乐山又打出了第一口深达百米的竖井。

下石圈

宋应星（1587—？）的科学巨著《天工开物》中详细记述了石油开采的具体方法，这部书于16世纪传入日本，18世纪传入欧洲。美国人和俄国人分别于1859年和1848年打出了石油竖井。

凿井

煤的发现和开采

> "岷山之首,曰女几之山,其上多石涅。"
> 《山海经》

在古代中国煤被称为石炭、乌薪、黑金、燃石,古代地理文献《山海经》里,最早记述了煤的存在,称之为"石涅"。煤是中国最早利用的能源之一,中国从汉代起就开始开采并使用了煤。在古代东北地区抚顺民居的火炕里,在中原地区炼铁的遗址中,都发现了燃烧过的煤炭和未燃烧的煤饼,这说明那时中国已经使用煤炭作为取暖能源和炼铁能源,煤炭已经得到普遍使用。中国另一部地理文献《水经注》曾经记述了公元210年曹操(155—220)在邺县(位于今河南省)建造的冰井台煤矿,矿井深达50米,储存煤炭数千吨。宋代是煤炭开采有较大发展的时期,发现了若干大煤矿,设立了专门负责采煤的机构,政府还实行了煤炭专卖制度。有位作家描述,在首都汴梁地区,"数百万人,尽仰煤炭,竟无一燃薪者。"近年来对河南鹤壁宋代煤矿遗址的发掘提供的确切信息表明,那时的采煤业已经具有较高的技术水平和比较完备的设施。煤矿有两条竖井,深近50米,矿井直径达2.5米,两条巷道长达500米,巷道高为2米,宽为2.1米,采煤工作面巷道上宽1.4米,下宽1米,布局合理,虽然比较窄小,但是已经可以应付采煤的需求。采煤撤退时采取分区"跳格子"的方式

《山海经》

中国古代文献,共18篇,有《山经》5篇、《海经》13篇,作者及各篇著作时代均不详,大致作于战国至西汉时期。内容主要为民间传说中的地理知识,包括山川、民族、物产、药物、祭祀、巫医等,保存了不少远古的神话传说。对古代历史、地理、文化、交通、民俗等研究均有参考价值。其中有关矿物的记载,为世界最早相关文献。

《水经注》

中国古代地理名著。南北朝时期的郦道元(466或472—527)著,共40卷,30多万字。此书名为注释古代典籍《水经》,实际是以《水经》为纲,根据有关水道的记载和他自己游历各地、跋涉山川的见闻,对《水经》中的记载以详细阐明并大为扩充,介绍大小水道1252条。除记载水道变迁沿革外,还记叙了两岸的山陵城邑、风土人情、珍物异事。《水经注》不仅是内容丰富的科学名著,也由于叙述语言的出类拔萃,成为文学艺术的珍品。

后退，而且在通风、照明、支护和分阶段提升、排水等方面都有了比较完备的设施和技术保障手段。根据宋应星在《天工开物》中的记述，当时的人们对于煤矿的头号大敌——瓦斯的处理也很有创意，他们在开采之前把一根粗大而中空的竹竿前面削尖，送到井下，插入煤层中，从而将煤层中的大量瓦斯引出井外。

马可·波罗（Marco Polo，约1254—1324）在他的游记中以一种惊奇的口吻提到中国人有一种"黑石头"，像木柴一样容易燃烧，又比木柴火力强大，往往到第二天才会熄灭。这说明，当时西方人可能还没有接触过煤炭，而中国人使用煤炭已经有上千年的历史了。另外，西方的采煤，一直没有解决照明问题，采煤是在黑暗中摸索进行的。西方人直到17世纪，还没有解决排水问题，直到18世纪，还没有攻克采煤中的瓦斯和通风难题，欧洲煤矿中，"只要有一点点火星，就会使矿井变得如同巨大的炮筒，灼热的爆炸气浪冲过每一条水平巷道，带着岩石碎块，呈倒锥形从井口喷出。"

挖煤图

马可·波罗画像

陶瓷

"倾缥瓷以酌酃。"

《笙赋》

陶器的出现是人类进入新石器时代的重要标志，陶器的烧制是人类继掌握了用火之后的又一项伟大成就。陶土可以塑造出各种形状，焙烧后就定型为一种坚固的器具，这就是陶瓷的起源，世界上所有的民族几乎都是独立掌握了制陶技术。当人类开始了

马家窑文化彩陶瓮，约前3000—前2000年。

秦俑博物馆内1号坑,这是一个以步兵为主的长方形军阵。

相对稳定的农牧业定居生活时，陶制的烹饪器、饮食器、储存器就成为了生活的必需。中国陶瓷有8000年的历史，几乎在每个时期，中国陶瓷都在不断改进，不断创造，攀登一个又一个陶瓷技术的高峰，创造出精妙绝伦的陶瓷产品。中国陶瓷是经济文化和科学技术的紧密结合，是一种物化的文化。中国陶瓷是中华民族在漫长的历史时期内制造、探索和欣赏陶瓷艺术所形成的精神和物质文明的总和。

　　陶经过了从灰陶、黑陶、白陶到印纹硬陶、彩陶的发展变化之路，在陶器的造型上也经历了由简单到复杂、由粗放到精细、由平淡到生动的渐进过程。早期陶最负盛名的作品之一是出土于陕西临潼秦始皇陵陪葬坑的兵马俑，也叫秦俑。秦俑坑位于陕西临潼附近，是秦始皇陵的一部分。自1974年开始，迄今已发掘了呈"品"字排列的三个俑坑，出土了真人大小的兵马俑6000余个，其中有活马大小的陶马30余匹，战车100余乘，组成了规模宏大的秦俑博物馆。一号坑规模最大，长230米，宽62米，深5米，面积达14260平方米，是主力步兵战阵，排列着一个一个整齐威武的军队方阵，间有雄健高大的战马。陶俑有士兵、驭手、铠甲军士、军官、将军，姿势有立姿、跪射姿。二号坑略小，是骑兵战阵，有战车上千辆。三号坑最小，仅有六七十个军官和将军俑，似为指挥部。这些兵马俑做工极其精良，须发毕现，面部表情生动，姿态自然，衣纹流畅，显示出严肃刚强、器宇轩昂的神态，战马也敦实有力、蓄势待发。这形象地证明了当时中国陶瓷技术达到了何等卓越的水平！这是一支为秦始皇死后护卫的冥军，为了建造它，老百姓付出了惨痛的代价，但是也为我们留下了这举世瞩目的珍宝。法国前总统希拉克（Jacques Chirac）曾说："不见

金字塔,就不算到过埃及;不见兵马俑,就不算到过中国!"

陶的第二个辉煌时期是唐三彩。唐三彩是唐代的一种彩陶工艺品,主要以黄、绿、白釉彩涂胎,故称唐三彩。它是在继承汉代绿、褐釉彩的基础上发展起来的,是中国制陶技术的高峰,当时就闻名中外。常见的唐三彩有三彩马、骆驼、仕女、龙头杯、乐伎俑、枕头等。三彩马威风凛凛、健壮雄武,是最常见的品种。最出色的作品是三彩骆驼,背上载着丝绸或驮着乐队,仰首嘶鸣。那赤髯碧眼的牵驼俑,身穿窄袖衫,头戴翻檐帽,生动再现了中亚胡人的生活形象,使人回忆起当年骆驼跋涉在"丝绸之路"上的情景。唐三彩的生产已经有1300多年的历史,它吸取了中国国画、雕塑等工艺的特点,采用堆贴、刻划等形式的装饰图案,线条粗犷有力。涂在陶胚上的彩釉在烘制过程中发生化学变化,自然垂流,相互渗化,色彩自然协调,花纹流畅,极具中国传统文化特色。唐三彩是中国制陶工业的里程碑式的作品。

唐三彩骆驼载乐俑,陕西西安鲜于庭诲墓出土。

陶的第三个高峰是紫砂陶器。紫砂陶器是一种紫色泥料制成的无釉陶器,由含铁量高的紫泥以1200度的高温烧成,外观精致细

明朝的紫砂提梁壶

宋代酒具，景德镇青白瓷注子注碗。

青花梅瓶

腻，亮泽柔和。紫泥因含铁量不同而呈现猪肝、冻梨、淡赭、铁色等色调。紫砂陶器成型多以打片拼贴或揿模手法，高品质制品多以手工成型，注浆成型用于大批量生产的大路货。宋代文献中已提及紫砂器，到了明清两代，紫砂陶器进入鼎盛期，以江苏宜兴紫砂最为著名，极品往往价值连城。紫砂壶泡茶有保持茶香、不失原味、耐热性好、隔宿不变等优点。

中国是举世公认的瓷的故乡，瓷甚至是中国的同义语。陶瓷是陶和瓷的总称，其主要区别是，陶由陶土烧制，瓷由瓷土烧制，瓷是陶发展到一定程度之后的产物。烧制瓷的瓷土中含有高岭土、石英石、长石和莫来石，含铁量低，烧制温度为摄氏1200—1300度，涂在表面的釉必须和瓷一起经过高温烧制，烧制成的瓷色白，坚硬度提高，不吸水或吸水率在1％以下，扣之有金属声。在经历了铅釉的出现和青瓷、白瓷技术的竞相发展之后，成熟的青瓷成为瓷器的主要代表，中国瓷器进入了高速发展期，在宋代达到第一个高峰。那时有六大窑系：定窑系、耀州窑系、钧窑系、磁州窑系、龙泉青瓷窑系和景德镇青白瓷窑系，这些都是民窑，产品供整个社会需求。官窑专门为皇宫王室生产用

瓷，最著名的是五大名窑：汝窑、哥窑、定窑、钧窑、官窑。元代青花瓷器特点是形态较大、胎体较厚、分量较重。装饰花纹所使用的青花料，颜色鲜蓝、艳丽，采用影青作面釉，所绘图案构图严谨、笔法工整、描绘细致。这类产品体积都比较大，系

千年的窑火，就这样从不熄灭地延续，无数的瓷器，就这样日复一日地烧成。

当时浮梁瓷局的高档产品，其器型豪放、青料浓重，总体风格气势磅礴而不拘谨，大气天成。还有一些器型较小的元青花瓷器，施以乳浊的卵白釉，所绘图案构图疏朗，笔法淳朴，风格粗犷。这类产品大部分为小件产品，多为普通民窑所生产，目的也多为日用器皿。装饰纹样主要有松梅竹莲、龙凤鹤鹿、人物花鸟、卷草锦地等，此外，历史故事也风行一时。大型、高档元青花瓷器存世极少，总计不过几百件，因为当时就是用于商品交易，大部分已经流失在国外，因而弥足珍贵。20世纪50年代，得知土耳其伊斯坦布尔博物馆卡普陀比宫珍藏有元青花瓷器上百件，中国陶瓷专家思得一见，但是土耳其方面极其审慎，此事迁延再三。直至21世纪之初，经过多次磋商甚至外交斡旋，土耳其总理特批，此盛事方得实现。一连三天，中国的七名陶瓷专家在土耳其方面荷枪实弹的军警严密监督下，见到了、鉴赏了这批稀世珍宝。这批元青花瓷器共40件，器型硕大，通体满绘，色彩浓艳，青翠亮泽。中国专家激动不已，一位老先生说："初看咽声细，一抚再抚赞不停。"还有一位老先生说："有生之年得睹此珍宝，了却平生心愿，死当瞑目矣！"可见青花瓷器在专家心目中的位置之崇

高了。

明清两代的瓷器生产继承了历代之长,以景德镇为中心的瓷器生产又不断攀登新高峰。有人以这样的话称赞瓷器的品质:"薄如纸,明如镜,色如雪,声如磬。"可见明清瓷器已经进入了尽善尽美的境界。

酿酒

"若作酒醴,尔惟曲糵。"

《古文尚书·说命下》

中国很早就发现了酒的存在并发明了酿酒术。酒是粮谷、水果和兽奶在特殊的自然环境下由于微生物的作用发酵而成的芳香物质。有作家记述了深山中猿猴采集花果发酵造酒的有趣故事。

中国艺术中,古来"诗酒"相连。如果没有酒,就不会有"斗酒诗百篇"的李白。

古代制曲图

发现酒的存在是偶然也是必然。公元前2世纪中国一部百科全书式的作品《吕氏春秋》中就说"仪狄造酒"，汉代的另一部著作《世本》中也说："仪狄始作酒醪，变五味，少康作秫酒。"看来酿酒历史十分悠久。根据考古发现的种种专用饮酒器具判断，酿酒大约开始于四五千年前的仰韶文化时期。这种技术不大像是某位大师的个人发明而更像集体创造，于是人们选取了几位大师作为标志性的酿造名家，后来又引出另一位古代造酒名家杜康的名字。

野果酿酒由于受自然条件和社会条件的限制，不大可能进行大规模生产，在中国这个以农业生产为主的国家，只有以粮谷为酿酒主要原料才可以形成规模。粮谷虽然富含淀粉，却不能直接发酵成酒，必须先将淀粉糖化为葡萄糖，然后再将葡萄糖发酵转化为酒精。促使粮谷糖化的中介物就是"曲蘖"。谷物在潮湿受热的情况下容易发霉生芽，这就是蘖，经过较短时间的糖化，可以直接用来酿制味淡而甜的醴酒。曲蘖逐渐分化为蘖、酒曲和黄衣曲。酒曲就是酒母，由谷物加工而成，内含丰富的酿酒微生物，如霉菌、酵母等，成为酿酒的主要媒介物，而以蘖酿制的醴酒，因为酒味淡薄而被淘汰。根据中国最早的历史文献《尚书》、《说文解字》、《左传》等的记述，可以知道使用蘖和酒曲的时间大约为公元前6世纪或7世纪。

古代中国的酿酒者把制曲工艺发挥到了极致，由散曲发展到块曲、饼曲、南方曲、北方曲。北魏（386—534）的科学史家贾思勰在他的名著《齐民要术》中就记述了13种制曲法。酿酒者利用丰富的、各有特色的曲种，加入不同的草药，酿制出风味不同的醇酒。北宋时代红曲的发明和应用是制曲工艺的一项重大成

《韩熙载夜宴图》局部,五代顾闳中作。

就。红曲不但是中国东南沿海各省酿制红曲酒的主要曲种,而且可以用来造醋和腐乳,是一种优良的调味品和天然食用色素。红曲中的主要微生物是红曲霉,生长极慢,在自然条件下极难繁殖;中国古代酿酒者研究探索出了在特殊条件下快速繁殖红曲的技巧。《天工开物》中记述了制作红曲的几项重大技术措施:选择优良菌种以提高成功率,加入明矾以增加酸度抑制杂菌,分段加水以促使红曲霉进入原料大米内部,这样就可以得到色红心实的大米红曲。制曲技术的先进和丰富,促进了酿酒业的蓬勃发展,仅贾思勰就记述了40余种酿酒方法。中国作为一个酒的王国,如今生产出了名闻天下的白酒茅台、五粮液和张裕葡萄酒,我们可以追溯到它悠久而清晰的源头。

养蚕缫丝

"十亩之间兮,桑者闲闲兮。"

《诗经·魏风》

《纺车图》,北宋王居正作。

蚕丝这种纺织原料是支撑人类赖以延续的衣食之源大厦的一根坚强栋梁。培育出这种重要、美丽而珍贵的纺织原料,都是古代中国人的功劳!

养蚕是中国古代开发利用昆虫资源为人类服务的最成功的范例。传说黄帝的妻子嫘祖是最早教给百姓妇女采桑养蚕

的人。蚕本是以桑叶为食的野生昆虫，在被驯养之前，人们就懂得利用野蚕抽丝了。从野蚕到驯养是一个漫长的过程，大约在5000年前开始。考古专家在山西的一个新石器时代的遗址中发现了半个切割过的蚕茧——那已经是5000年前的事情了。浙江钱山漾新石器时期遗址中出土了4700年前的绢片、丝带和丝线。甲骨文中不但有蚕、桑、丝、帛等字，而且有祭祀桑神和派人察看蚕事的卜辞，说明养蚕已经进入人们的日常生活中了。养蚕业在北方有长足进展，成书于春秋时期的《诗经》中有对妇女采桑养蚕的忙碌景象的生动描绘，《豳风·七月》写道："春日载阳（春天一片阳光），有鸣仓庚（黄莺儿在歌唱），女执懿筐（妇女们提着箩筐），遵彼微行（走在小路上），爰求柔桑（去采摘嫩桑叶）。"战国时期一件青铜器上的《采桑图》生动逼真地描绘了妇女采集桑叶的情景。《诗经·魏风·十亩之间》则说："十亩之间兮，桑者闲闲兮。"（十亩桑田之间，采桑的人来来往往。）《孟子·梁惠王上》也说："五亩之宅，树之以桑，五十者可以衣帛矣。"可以看出蚕丝在人们的日常生活中所占据的重要位置。中国古代养蚕积累了丰富的经验，著名思想家荀况（约

纺车画像石

采桑叶

育蚕

前313—前230）认真研究了养蚕的规律，在《蚕赋》一文中极有见地地说："三俯三起，子乃大矣。"指蚕经过三眠即可结茧的规律。另一本2000年前的有关礼仪的文献《礼记》中也对蚕卵的消毒进行了总结，指出，用朱砂溶液、盐水、石灰水和其他具有消毒效果的消毒液浴洗卵面，对防止蚕病发生非常重要。

丝绸成为装点帝王将相威仪和衬托女性美丽的绝妙物品。

养蚕事业直接促进了纺织绸缎技术的发展，形成了中国独一无二的丝绸纺织技术。一路领先的印染工艺，五彩缤纷的花色、品种，使丝绸成为装点帝王将相威仪和衬托女性美丽的绝妙物品。张骞通西域后，丝绸也成为中国主要的对外贸易产品。绵延几千公里、活跃了上千年的"丝绸之路"，是古老的中华和世界交流的主要渠道，也是促进中国经济文化发展的活力的源泉。

世界上所有养蚕的国家，其蚕种和养蚕方法都是直接或间接从中国传去的：3000年前传到朝鲜，2000年前传到日本和越南，1600年前传到中亚诸国，1400年前传到欧洲，400年前又传到南美洲。中国不但是养蚕、缫丝、织绸技术的发明者，而且在长时期内保持着绝对领先的地位，这是中国对人类的伟大贡献之一。

【张骞通西域】

西域是汉代以来对甘肃玉门关、阳关以西地区的总称。公元前138年，西汉的汉武帝派遣张骞（约前164—前114）出使西域的大月氏，相约共同夹击匈奴。张骞途中被匈奴扣留十年，寻机逃脱，抵达大宛、康居、大月氏和大夏等地。归国途中又遭匈奴扣押一年，至公元前126年才乘匈奴内乱之机回到长安。公元前119年，张骞第二次出使西域，与乌孙等国建立友好关系。张骞两次出使，完成了探索中亚的史诗般的功业，开辟了中国通往西方的"丝绸之路"。

茶和茶文化

>"茶之为饮，发乎神农氏。"
>
>《茶经》

　　茶是风行全世界的饮料，和咖啡、可可并列，鼎足而三。茶是中国人的骄傲，从野生培育、长期种植、品种选育、精心制作、品尝饮用、茶具争艳到出口贸易、香满全球，中国人立下了很大功劳，它包含着中国人世世代代的开拓、创造和劳动。

　　茶原产中国西南地区，有文献说："茶者，南方之嘉木也，一尺、二尺乃至数十尺，其巴山、峡川有两人合抱者。"传说神农氏尝百草，吃到有毒的植物后神智昏迷，稍微清醒一点后顺手采摘了一种植物的叶子品尝，竟然完全清醒而且非常兴奋，他就

《群仙集祝图》，清汪承霈作。此图描绘了斗茶会上的仆人形象，极富生活气息。

品茶图

把这种植物采来给百姓治病,由此开始了茶的历史。著名茶专家、唐代的陆羽(733—804)在他的名著《茶经》里说:"茶之为饮,发乎神农氏。"茶由自山林采摘野生茶树到培育栽种,而且由不宜栽种和采摘的高大乔木培育为矮小的灌木,是一大飞跃。中国最早的字典《尔雅》中开始出现"茶"字,称它是一种味道苦涩的东西。早在周武王伐纣得到巴蜀之地时,武王就命令巴蜀诸侯将丹漆、蜂蜜和茶叶进贡。秦代茶由四川传到陕西、甘肃、河南一带种植,但是茶作为一种珍贵物品还没有传到民间。东汉时期,佛教传入中国,由于茶的醒神作用,对终日念经打坐的和尚颇有益处,消费渐多,而且深山幽谷的环境也适于茶的生长,于是在佛教圣地天台山、峨眉山寺庙周围出现了茶园,茶的产量增加了,饮茶习惯也渐渐普及到民间。从东汉到南北朝(420—589)的500年间,种茶又渐渐推广到淮河流域、长江中下游和岭南等特别适于茶的生长的地区。到了唐代,茶已经是极其普及的饮料了，有两本文人札记说："渐至京邑，城市多开店铺，取茶卖之，不问道俗，投钱取饮。"北方的饮茶习惯也到了"累日不得食犹得，不得一日无茶"的地步。产茶地区多达50个州郡，相当于现在的华中、华东、华南、西南15个省区。唐德宗时的年茶税为40万缗，茶产值约为400万缗（1000枚铜钱为一缗）。

古代中国人民对茶园的选址、催芽、种植、灌溉、施肥和茶树遮阴等生产环节都积累了丰富的成功经验，而且发展了与游牧民族地区的贸易交换。文人雅士们则对茶芬芳淡雅的风味情有独钟，发展出品茶、咏茶的茶文化。中国在唐代发明了茶的蒸青剥法，元末明初又发明了炒青绿茶及制作茶饼法，制茶技术日益精湛，各地根据当地茶的风味特点和制作方法的不同，形成了绿

《煮茗图》，清任熊绘。

陆羽像

茶、白茶、黄茶、黑茶、红茶和乌龙茶六大类。饮茶的普及，又促进制茶工具和茶具制作的进步。明清以来，茶叶又是对外贸易的主要出口货物之一。

唐代还出现了那位茶的专家陆羽，他的《茶经》一书是世界上最早的茶文化专著，分别论述了茶的起源、种植、采摘、加工、烹煮、水质、茶具以及各地茶的品质和与茶有关的掌故等等，文字不多，却全面、准确、深刻地概括了有关茶的一切知识，堪称一部茶的百科全书，后世无人能过之。陆羽因之被誉为"茶圣"。

公元5世纪，茶开始传到亚洲各国，17世纪运往欧美各国。茶一旦被外国人接触，无不立即引起无比珍视和热情欣赏，饮茶之风逐渐风靡全世界。中国不仅输出茶叶，也先后向很多国家提供茶树和茶籽，如今日本、印度、斯里兰卡、印度尼西亚、俄罗斯等国都种植茶树，而日本在中国古代饮茶风习的基础上又发展出了具有独特风格的茶道，把中国的茶文化发扬光大了。

今人品茶、鉴茶的雅好，既是悠久传统的一脉相承，也是中国文化的顺理成章。

N项第五大发明(中)

 中国古代发明

星表和星图

"各司其序，不相乱也。"

《史记·历书》

中国古代天文学产生很早，一些新石器时代出土的文物如甲骨文和陶片上已经有象征天文观测的图形和文字，著名史学家司马迁（约前145或前135—？）著的《史记·历书》中说："盖黄帝考定星历，建立五行，起消息，正闰余，于是有天地神祇类之官，是谓五官。各司其序，不相乱也。民是以我有信，神是以我有明德。民神异也，敬而不渎，故神降之嘉生，民以物享，灾祸不生，所以不匮。"这几句话的大意是：黄帝考察核定了星象和历法，建立了金木水火土五行，认识其消长盈亏，解决了闰月余日所造成的历法难题，于是将天地和神明间的万物分为五大类，叫做"五官"。五官根据各自的规律运行，不会产生干扰和混乱。因此，百姓认为我的运作有信用，神明认为我有正确运作的明智。人间和神明虽极为不同，但是我都极其恭敬而不敢亵渎，所以上天降下这么多美好的万物，让百姓享用，人间才永不匮乏。这就是天人合一这一伟大命题的萌芽和天文事业的思想基础。黄帝之后不久，政府就设立了负责天文历法的官职"火正"，专门对大火星进行观测，根据其出没来指导农业生产。观测日月星辰，预告日食月食，确定节

大汶口文化花瓣形太阳纹陶瓶（距今6000年）

【星官】

中国古代为了观测方便，把所观察到的恒星分成的小组，每组用地上的一种事物命名，这一组就称为一个星官，简称一官，唐宋后也有称之为一座的。但这种星座并不包含星空区划的涵义，与现今所说的星座概念有所不同。

气时间，制定授时历法，就成了古代天文官吏的职责和使命。他们以勤劳、智慧和持之以恒的耐心对中国古代天文观测和历法制定作出了重大贡献。

战国时齐国的甘德和魏国的石申是两位著名的皇家天文学家，石申著有《天文》八卷，甘德著有《天文星占》八卷，均已失传。后人将一些古书中引录的这两部著作的片断加以辑录，称为《甘石星经》。甘德和石申都记录了一些恒星的名称、方位，两人的记录互有交叉，所以三国时代的天文学家陈卓将甘德、石申、巫咸三家所记录的恒星汇总起来，共得全天283个星官、1464颗星，并以不同的颜色标在星图上，后人依此绘制星图，制造浑象（一种天文仪器）。《甘石星经》中，石申区划的星官有120个，计815颗，甘德区划的星官有146个，计687颗。最有价值的是，石申还列出120个星官的标准星具体坐标值，并对120颗标准星具体坐标值

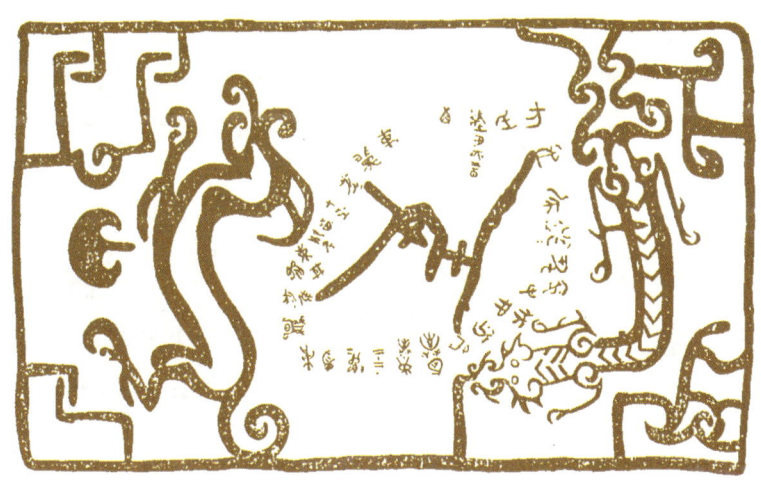

二十八星宿图

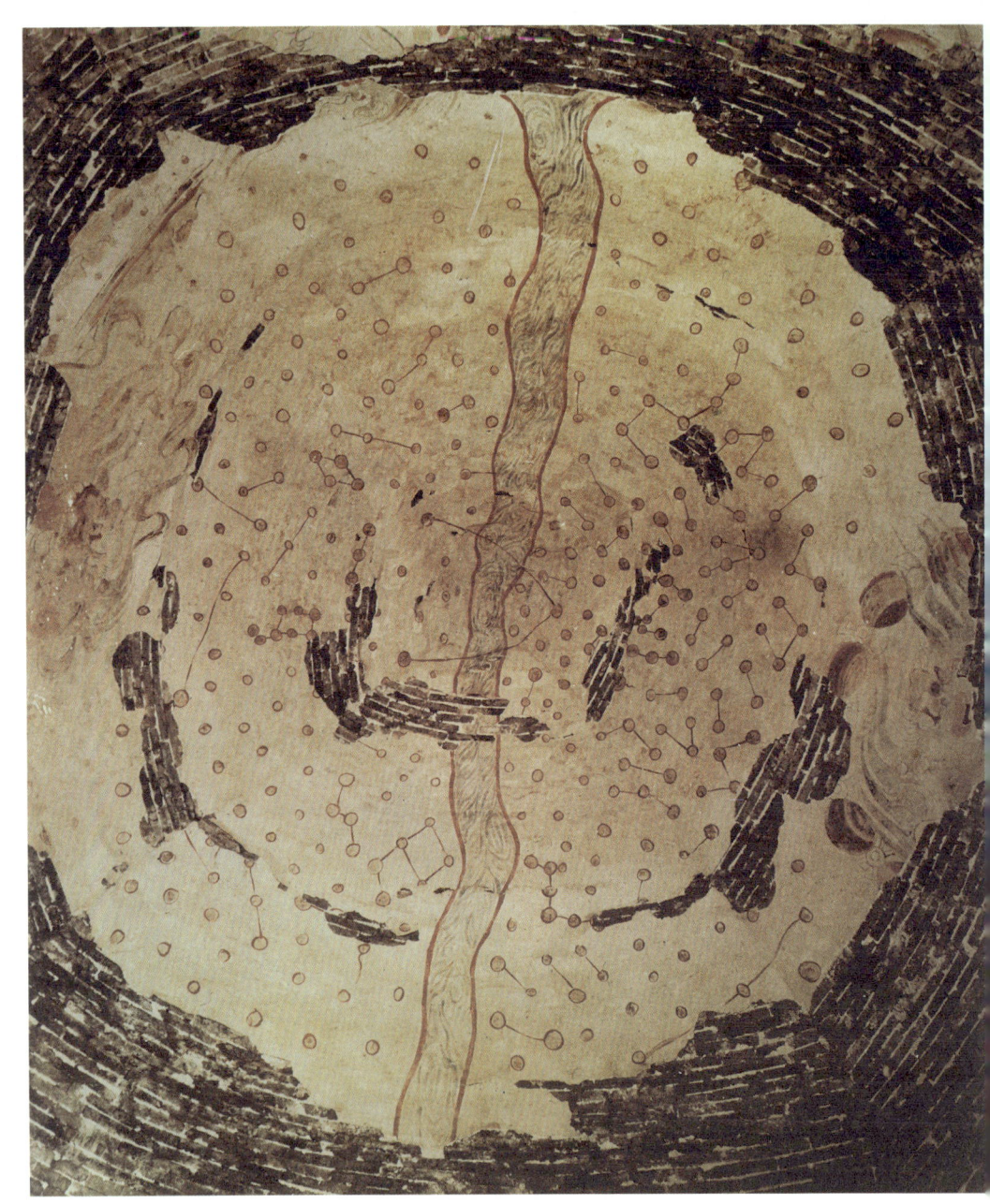

北魏墓星象图,1974年发现于河南洛阳市郊。图中央用淡蓝色绘出一条纵贯南北的银河,为一般星图所少见。

明代莆田天后宫星图,是研究古代利用星图定向航海的实物资料。

加以测定,列出其赤道坐标,其中,二十八宿以"距度"和"去极度"记述,其他恒星则用"入宿度"和"去极度"记述。所谓"距度"就是指二十八宿沿赤道自西向东排列,每一宿选出一个代表星,叫做"距星","距度"就是两"距星"之间的"赤经差"。"入宿度"就是这颗恒星和"距星"之间的"赤经差"。"去极度"指该恒星和天极的角度。由此可见,星表采用了赤道坐标系统,也就是以赤经和赤纬两个坐标表示天球上任一天体位置。石申表述了一个完全数量化的著名星表《石氏星经》。以赤道坐标系统记录恒星的坐标值,是古代中国天文学的一项独特的重大贡献,而西方天文学都是以黄道坐标来标注恒星位置的。和战国时期同时的希腊还是采用从巴比伦沿袭下来的黄道坐标系统,到了十六七世纪之后才使用赤道坐标系统,直到现在。赤道坐标和黄道坐标系的互相参照,提高了天文观测和记载的精确度。石申、甘德的天文成就都是唐代《开元星占》一书中记载的。尽管《石氏星经》是石申以后几百年间逐渐完善起来的,但它仍不愧为世界上最早的星表之一,具有极高的科学价值。这一星表中有不少数据是战国时期的测量结果,表示石申已经利用了测角仪器在赤道坐标系统中进行了天体位置的测量,这一成就代表了中国

战国时期的天文学水平和仪器制造水平,这也是世界上最早、最先进的。石申和甘德采用的是中国传统的把周天分成$365\frac{1}{4}$度的方法,因为一个回归年的长度是$365\frac{1}{4}$日,这样,太阳正好每天在天穹上移行1度。而西方多采用巴比伦的360度分法。石申和甘德对五大行星的观测也开始精确化,他们都指出木星的恒星周期为12年(准确数字为11.86年),石申还测出木星的会合周期为400日(准确数字为398.9日),金星的会合周期为587.25日(准确数字为583.9日),水星的会合周期为136日(准确数字为115.9日)。

日食和月食的观测

"彼月而食,则维其常。"

《诗经》

中国历代有详尽记录天象观测结果的优秀传统。从汉代到元代就记录了596次日食,月食记录有2000次之多,月全食就有400次。国外关于日食的最早记录是在古巴比伦的建筑废墟当中,所记录的六次日食中最早的一次是在公元前911年。可是中国最早的日食记录却是在殷墟甲骨文中记载的,"癸酉贞,日夕有食,佳若?癸酉贞,日夕有食,非若?"那是在公元前1200年。在《春秋》一书中,244年日食的记录有37次,其中证明可靠的就有32次。中国的日食记录还特别详尽,对初亏、食甚、最大食分、复圆都有记录。古代的天文学家们还极其聪明地推算出了日食发生的周期,即交食周期为777个交点月(阳历月)、716个朔望月(阴历月)。这正是所谓纽康(Simon Newcomb,1835—1909)周期388.5个月的两倍。中国天文学家预报的日食准确度十分惊

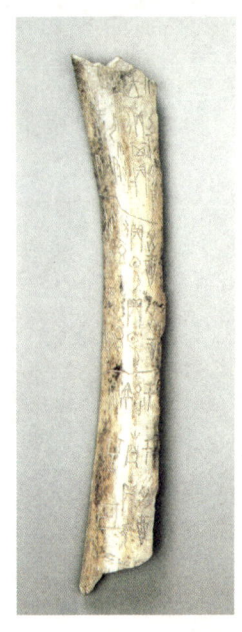

商代记录日食的牛骨,河南安阳出土。

人,每到预报中的日食来临的日子,他们就教百姓置一盆水,以便在水盆中倒影里观察日食的全过程。西方科学家精心研究了中国天文学家的日食月食和其他天象的观测记录,建立了一门新的学科——历史天文学。

古代天文学家对月食的观测同样周密,记录同样详尽。最早的月食记录是古代诗歌总集《诗经》中的一句诗:"彼月而食,则维其常。"意思是发生了月食,这是正常的天体现象。这句诗指的是公元前776年8月发生的一次月食,这是世界上最早的月食记录,古埃及出现月食记录则是在公元前721年2月。关于月食发生的规律和成因,中国古代天文学家也进行了探讨。古代的哲学著作《易经》说"月盈则食",就是认识到月食多发生在满月的农历十五前后。东汉时期的大科学家张衡(78—139)对月食的解释就更清楚,说月亮由于太阳的照射才发光,月食是由于地球挡住了太阳光的缘故。

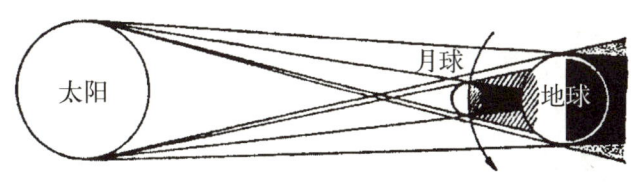

日全食和日偏食成因图

日食景象

测量子午线

"则天地无所匿其形,辰象无所逃其数。"

(隋)刘焯

中国古代天文学家早就知道越往南日影长度越短,越往北日影长度越长;但中国人没有形成明确的大地是球形的观念,也没有实际测量日影长短差与距离的准确比例,只是在大地是平面的假设前提下推得一个结论:南北相距千里,日影长度相差一寸。早在隋代大业初年(约604—607),天文学家刘焯(544—608)就对这一结论表示怀疑,他提议:"请一水工(进行水平测量的工人),并解算术之士,取河(黄河)南北平地之所,可量数百里。南北使正,平地以绳。……则天地无所匿其形,辰象无所逃其数。"大业三年(607),隋炀帝下令各地测影,惜因刘焯逝世而未果。100多年之后,天文大地实测工作的重大使命就落到了唐代开元年间的天文学家僧一行的身上。

僧一行(683—727),俗名张遂,魏州昌乐(河南南乐县)人,自幼刻苦好学,博览群书,因追求真理、逃避权臣武三思的纠缠而赴嵩山削发为僧,人称僧一行。他于开元五年(717)到京城长安,任唐玄宗的天文顾问。此后他推广了大衍历,推广了刘焯的"关于太阳运行不等速"内插法公式,并和梁令

僧一行像

瓚共同制成浑天铜仪和黄道游仪等。

他使用许多新创制的天文仪器，重新测定了150多颗恒星的位置，并多次测量了二十八宿距天球北极的度数，发现前人测定的不少数据不确。他根据自己观测的结果，推断恒星本身在天球的位置是不断变动的，从而成为世界上第一个研究恒星运动的天文学家，比英国天文学家哈雷（Edmund Halley，1656—1742）发现恒星运动早1000多年。

由于按原来的历法预报日食发生了较大误差，唐玄宗下令制定更完善的历法。僧一行决心以实地测量纠正原来历法的错讹之处，于开元十二年（724）发起并主持了历史上第一次天文大地测量工作。他选择的测量点南起林邑（位于今越南中部，约为北纬18度）、北到铁勒（今属蒙古，北纬51度），遍及安南都护府（位于今越南）、朗州武陵县（今湖南常德）、襄州（今湖北襄樊市）、蔡州上蔡武津馆（今河南汝南）、许州扶沟（今河南扶沟县）、汴州浚仪太岳台（今河南浚县）、滑州白马（今河南滑县）、太原府（今山西太原）、蔚州横野军（今河北蔚县）、阳城（今河南登封告城镇）、洛阳（今河南洛阳）等地。其中以南宫说等人在白马、浚仪、扶沟、武津一带南北四五百里的平坦地

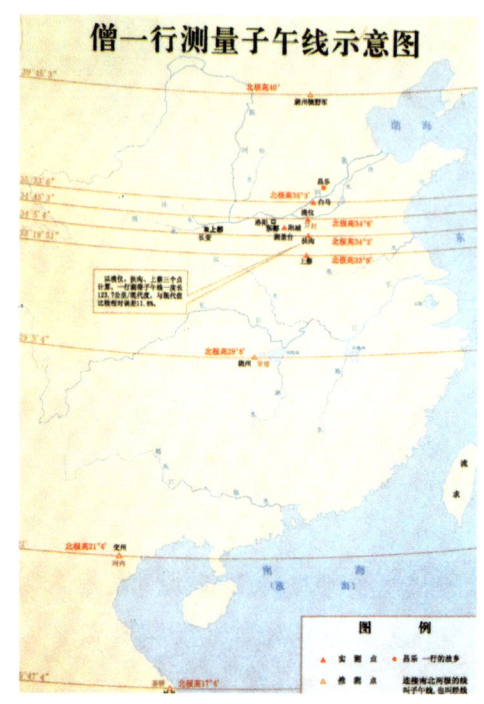

僧一行测量子午线示意图

面上的测量效果最佳。他们观测了夏至、冬至和春分、秋分时的日影长度差（晷差），并实地测量距离，又测出这四点的北极星高（纬度），这样就算出北极星高度相差一度，相当于纬度相差一度时，地面上南北距离的差值。僧一行的测量结果是351里80步，折合129.22公里，比今值多了18.02公里多（今值是111.2公里）。僧一行的实地测量推翻了"王畿千里，日影一寸"的错误观念。测量结果相当于获得了子午线一度弧的长度。这次测量意义特别重大，比阿尔·马蒙（Al Mamun）在幼发拉底河的大地测量早了90年，被李约瑟认为是科学史上的创举。

张衡和地动仪

"虽一龙发机，而七首不动，寻其方面，乃知震之所在。"

《后汉书·张衡传》

张衡像

中国天文学家们研制了很多天文观测仪器，好多仪器都准确而形象地演示天体的位置变化。地球赤道平面和天球相交形成的坐标系叫天赤道，太阳在一年中所走的路径的轨道叫黄道，黄道平面与天赤道相交的坐标系叫黄道坐标，和天赤道形成23.26度的偏角。太阳在春分和秋分两个节气与天赤道相交。中国的天文观测仪器比较重要的任务是展示这两种坐标系的不同和它们之间的转换。东汉的著名天文学家张衡是制造天

文仪器的专家,他制造了浑象,就是类似天球仪那样的高级天文仪器。漏壶滴出的水发动齿轮,带动浑象绕轴旋转,浑象的转动和地球的周日运动相等,将天象的运动准确、形象地演示出来。在此之前,中国古代天文学家还制造了大批的天文仪器如浑天仪、简仪、仰仪、晷仪等等,但包括浑象在内,这些仪器道理大都比较费解。张衡发明的候风地动仪制作得十分精致严密,道理却比较浅显,容易理解,这里就把它当作中国古代科技仪器的代表吧。

张衡深感地震危害的剧烈,就想做一种仪器,既可以报告远方的地震,又可以察觉微小震波以预报较大的地震。在一次乘车出行时,车夫遇到特殊情况而急刹车,受到惯性作用的张衡差点冲出车外。张衡就想,地震是瞬息间发生的事情,如果能利用惯性原理捕捉、放大地震形成的波动,不是可以预报地震了吗?他制造的地震仪是一个精铜制成的大酒桶形的容器,直径八尺,八面有八条头朝下的龙,龙口里衔着铜丸,每条龙下方蹲着一只张着嘴的铜制蟾蜍。仪器中间悬有一根极其灵活的中心柱,叫"都柱",上粗下细,平时处在一种不稳定平衡状态,下有东、西、南、北、西北、西南、东南、东北八个方向的轨道。八个龙头就是八个曲杠杆,铜珠就靠曲杠杆压着,当地面有了一点震动,受到一个惯力,这只重心很高的"都柱"下端向前方产生极其微小的位移,整个都柱就向后方,也就是地震方向倒去,触动曲杠杆,那条龙口里的开关就张开,把嘴里的铜丸吐到蟾蜍口中,并发出响亮的声音,这样就知道在这个方向发生了地震。其精妙处就在于,"一龙发机,而七首不动。"

这架候风地动仪安装在当时东汉的首都洛阳,几次地震预报都很准确。汉顺帝永和八年(138),朝西的龙嘴张开,铜丸落在下面的蟾蜍口中。京城的人都没有任何震感,可是过了几天,陇西发生地震的消息就传过来了,人们都叹服地动仪的神奇功效。从此,皇帝就令史官根据地动仪记载地震的方位。在国外,直到13世纪在波斯的马哈拉才有一样原理的地震仪器出现。这种利用物体的惯性拾取、扩大地震波,进行远距离测量的原理,一直到现在还在使用。

候风地动仪由于构思巧妙,效果显著,形象优美,气势宏大,在中国人心中印象极为深刻,成为古代中国科学技术的一个

地动仪(模型)

象征；其发明者张衡作为一个伟大的天文学家和卓越的文学家享有崇高威望，为后代敬仰。

郭守敬和《授时历》

> "奏上，赐名《授时历》，颁之天下。自是八十年间，司天之官遵而用之，靡有差忒。"
>
> 《续资治通鉴》

中国古代历法成就极其辉煌，许多成果长期领先于世界。传说黄帝首创历法，为古六历（黄帝、颛顼、夏、殷、周、鲁）之一。《尚书·尧典》中，已有"期三百有六旬有六日，以闰月定四时成岁"的记载，证明在尧的时代已经确定一年分四季，366日，并有闰月的设置。春秋时代天文学家曾经首创十九年七闰的方法，准确地调整阴阳历之间的差距。春秋末年又出现了"四分历"，它确定的岁实（从冬至到次年冬至的天数）为365.25日，是世界上最精确的回归年天数数值，和罗马颁布的儒略历数

郭守敬像

值相同，但是比儒略历早了500年。汉武帝太初元年（前104）实施《太初历》，规定一回归年为$365\frac{385}{1539}$日，一朔望月为$29\frac{43}{81}$日，并将二十四节气首次订入历法。汉武帝的《太初历》施行之后的1000多年之间，又先后编制了70余种历法，其中包括不少优秀历法，如唐代李淳风编制的《麟德历》（665）、僧一行编制的《大

衍历》都比较有名，但是各种历法行用的年代都不长，只有元代郭守敬（1231—1316）编制的《授时历》行用360多年之久，成为中国古代历法最出色的代表。

元代至正十三年（1276），元世祖忽必烈命天文学家郭守敬主持制定一部新历法，以改变国家南北历法不统一和传统历法误差越来越大的弊端。郭守敬是一位具有罕见才能和过人敬业精神的杰出科学家，在接受这项艰巨任务之初，他就认为，"历之本在于测验，而测验之器莫先于仪表。"他把研制高精度仪器当作当务之急。在察看大都（今北京）司天台那架仅存的浑仪时，他发现仪器设置的北极出地高度（相当于地理纬度）是宋代开封的北极出地高度35度，而不是大都的北极出地高度，原来仪器从开封运送到大都之后根本没有作相应的调整。加上战事频繁，年久

郭守敬发明的简仪（模型）。它在中国传统浑仪基础上，将众多环圈简化，只保留两组最基本的环圈系统。这是当时最先进的天文观测仪器。

人们的生产、生活和大自然的季节变化息息相关,天文历法知识的不断丰富,促进了生产力的发展和生活水平的提高。图为木版年画《男十忙》、《女十忙》。

失修,这台浑仪已经环圈锈蚀,转动不灵,台上的重要仪器圭表也已经东倒西歪,无法使用。郭守敬发奋图强,三年内就研制出简仪、仰仪、玲珑仪等12种新天文仪器,这些仪器的功能和精度都是大大超越了前人的。为了去外地使用,他还研制了便于携带的一系列仪器。

在编制新历法期间,郭守敬主持了全国规模的天文观测活动,在全国建立了27个天文观测点,分布在南起北纬15度、北至北纬65度、东起东经128度、西至东经102度的广大地域。他主要进行了日影、北极出地高度(观察北极星的视线和地平面形成的夹角度数)、春分秋分昼夜时刻的测定。测出的北极出地高度的平均误差只有0.35。郭守敬还从南北朝宋(420—479)大明六年(462)到元至正十五年(1278)近900年间的天文资料中选出六个比较准确的数据,经过运算,确定一回归年的长度是365.2425日。这个数据和当今世界通用的公历(格里高利历)相同,但是却早了三个世纪。法国著名天文学家拉普拉斯(P. S. Laplace,1749—1827)也承认,就以日至测影而论,在13世纪中叶,当以郭守敬的四丈高表的测量最为精确。

郭守敬和其他的天文学家们艰苦奋斗、精确计算了四年,运用了弧矢割圆术来进行黄道坐标和赤道坐标数值之间的换算,以二次内插法解决了由于太阳运行速度不匀造成的历法不准确问题,终于在1280年编成了这部历史上空前精确、空前先进的历法,根据古书上"授民以时"的命意,取名为《授时历》。用郭守敬自己的话说,《授时历》"考正者七事","创法者五事"。主要是确定了一回归年的长度为365.2425日,一朔望月的长度为29.530593日,摈弃了沿用几百年的上元积年法,以至正十七

年（1280）冬至作为历元（就是与天文学所列数据、图表相对应的时刻）。它的精确度只比地球绕太阳公转一周的时间差了26秒。这真是一项了不起的伟大成就。

《授时历》编制不久即传播到日本、朝鲜，并被采用。近年来日本和欧美等国的天文学家和天文学史家对《授时历》产生了新的兴趣，进行了广泛而深入的研究，并组织了翻译工作。《授时历》作为中国历史上一部优秀的、先进的、精确的历法，在世界天文学史上也占有突出的位置。郭守敬也受到国际天文学界的广泛尊敬，月球背面一座环形山被命名为"郭守敬环形山"，1964年发现的一颗小行星被命名为"郭守敬小行星"。

十进位制和二进位制

"这是上帝的语言。"

（德）莱布尼茨

从古到今的数学运算很大程度上是依靠了十进位制的伟大发明；而当今几乎主宰了生产和生活的一切领域的计算机靠的是二进位制才形成了它的千变万化。这两种进位制的发明和确定，都和古代中国人的探索、创造有关。

正整数逢十进一位，逢百进二位，逢千进三位，这种以十为基数的十进位制，今天看起来是十分简单合理、自然而然的事情，但是人类还是经过艰辛探索才创造了这种进位制的。

数字在中国出现，是在6000年前的新石器时代的晚期，那时用结绳、契木的方式计数。6000多年前的半坡遗址出土的陶片，上面已经出现了数字；距今4000年左右的陕西、山东、上海的出

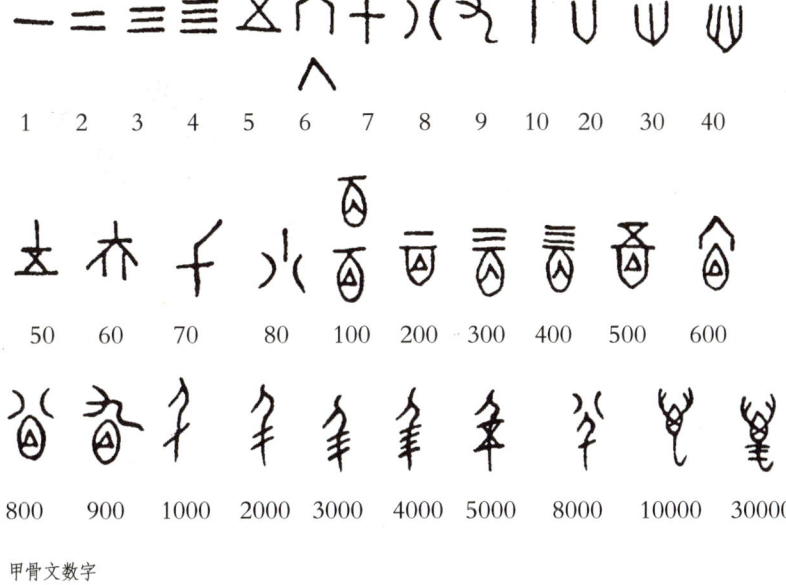

甲骨文数字

土文物中除表示个位的数字外，已经有10、20、30这样的记号，表示当时已经使用十进位制。殷商时代的甲骨文上的13个计数文字中，除九个可以确定是个位数之外，还有四个就是十、百、千这样的位值符号。甲骨文计数系统属于十进位制成法分群数列，这种数系由1—9几个数字和若十个十进位制的位值符号组成。计数时先将两组符号通过乘法结合起来以表示位值的若干倍，然后将分群后的位值符号组合（相加）起米。在出土的公元前13世纪的甲骨文中已经有"五百四十七天"的记载，《易经》中更有"万有一千五百二十"这样的记载。甲骨文的计数方式一直延续到现代。现代中国数字一二三四五六七八九〇，在唐代以前就已经形成，唐代还全面使用了大写数字壹贰叁肆伍陆柒捌玖零，用在比较正规的场合，又叫做"官文书数字"。在确立了十进位制之后，古代中国还对数的概念进行了扩展，创造出了分数、小数、负数的概念，虽然分数线、小数点、负号不是中国的发明，但是对数的性质的认识，对数的概念的拓展，还是古代中国人的天才创造。

中国使用十进位制在全世界最早。十进位制之所以在中国最早出现，和中国固有的文化是分不开的。汉字是方块字而不是拼音文字，极大地促进了十进位制的形成。据史料记载，古代巴比伦人一直像后来的罗马数码那样，用相加或累积计数，古埃及和古希腊也都是用特殊的记号来表示20、30、40等10的倍数。比如古希腊采用27个字母计数法，从1到9用九个字母表示，10—90再用另外九个字母表示，100—900用剩下的九个字母表示，这种笨拙的特殊位值十进制计数法一直延续到文艺复兴前夕。印度人在公元6世纪才开始使用十进位制。而欧洲人正式采用十进位制的最早证据，是公元976年的一份西班牙文的抄本。十进位制是中国对人类作出的不可磨灭的重大贡献。正如李约瑟博士所说："如果没有这种十进位

《天问图》，明萧云从作，周围是八卦符号。

制，就几乎不可能出现我们现在这个统一化的世界了。"

众所周知，二进位制是电子计算机的运算基础，而二进位制的发明人是德国大数学家、微积分和数理逻辑的创始人莱布尼茨（G.W. Leibniz, 1646—1716），不过他发明二进位制是受了中国古代"先天八卦"的启发。易经八卦相传是伏羲画卦，周文王重卦，姜太公作爻辞，是一双鱼太极图，四周围绕有乾坎震艮巽离坤兑八卦，这八卦就是由长短划不同排列组合而成的符号。它的象征意义是无极生太极，太极生两仪，两仪生四象，四象生八卦，八卦生六十四卦。每一卦都由阳爻（—）和阴爻（--）构成。如果以阳爻（—）为1，以阴爻（--）为0，按照二进位制的逢2进1的规则，则这从乾到坤的64卦均可以用0和1两个数字表示出来。如第一卦乾卦为111111＝63，第二卦为011111＝62，第三卦为101111＝61，这样排列下去，第六十二卦为010000＝2，第六十三卦为100000＝1，最后一卦为000000＝0。统观这从乾到坤的六十四卦的排列，其二进位制数序排列恰好为从63－0的自然数顺序排列，真是天衣无缝，巧夺天工！当时，莱布尼茨正在为创造一部乘法机而遇到困难，一筹莫展，正好他的朋友白晋（J. Bouvet, 1655—1730）从中国传教归来，带来了《六十四卦次序图》和《六十四卦方位图》，莱布尼茨如获至宝，顿时

当今几乎主宰了生产和生活的一切领域的计算机，靠的是二进位制，才形成了它的千变万化。

感到阴阳两个对立矛盾的面千变万化的奇妙，受到点拨和启发，产生了二进位制的最早灵感。1703年莱布尼茨在《皇家科学院纪录》杂志发表了《二进位算术的解说——它只用0和1，并论述其用途以及伏羲氏所用的古代中国数学的意义》，论述了他的二进位制思想。他认为，"只有0和1的二进位制不但具有简洁的形式，更可以表示宇宙间所有的量。……这是上帝的语言！……所有的数通过1和0的方式表达，是何等美妙！"早在莱布尼茨之前，北宋的哲学家邵雍（1011—1077）就在他研究《易经》的著作中提出了比较完备的二进位制思想，可惜他的二进位制思想没有传播开来。

祖冲之和圆周率

"开差幂、开差立，兼以正负参之。"

《隋书·律历志》

中国古代数学成就辉煌，是最早创造十进位制的国家，也是通过阴阳八卦最早提出二进位制观念的国家，这是两项影响了历史进程和现代生活的伟大创造。西汉或早于西汉的、由赵爽注的《周髀算经》对勾股定理的论证大约和希腊的毕达哥拉斯（Pythagoras）的论证同时代，又是互无联系、各自发明的。三国时伟大的数学家

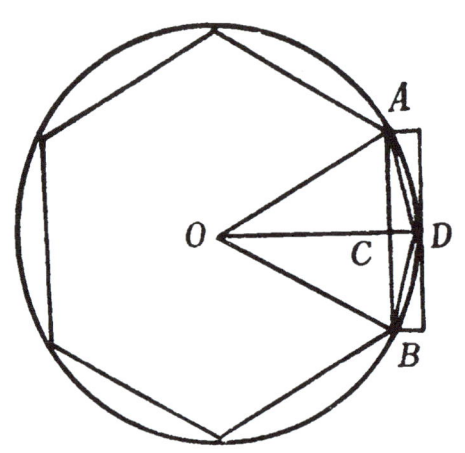

刘徽"割圆术"示意图

祖冲之像

刘徽的《九章算术注》创造了求多面体体积的关键性理论——刘徽原理,用无穷小分割和极限思想证明了圆面积公式,并创造了求圆周率近似值的科学程序,计算了正192边形的面积,求出圆周率的近似值为3.14,用分数表示为157/50和3927/1250。

在刘徽和其他数学家创造性劳动、探索的基础上,另一位伟大数学家祖冲之(429—500)应运而生了。祖冲之生于南朝的一个士大夫家庭,自幼勤奋好学,勇于创新,勤于实践,25岁入华林学省从事学术研究,后来在一位高官手下任公府参军,得以有充分时间进行科学研究,在天文、历法、数学和机械制造等方面都取得了重大成就。祖冲之和儿子祖暅的数学成就都集中在他们的数学著作《缀术》中,这部著作被列为"算经十书"之一,是唐朝学生和朝鲜、日本学生的算学课本,可惜已经失传。现在所知的祖冲之的数学成就都是其他著作中留下的残缺不全的记载,主要集中在圆周率、球体积和开带从立方三个方面。

在圆周率近似值的计算方面,古希腊一直是走在中国前面的。公元前5世纪,当希腊数学家算得圆周率为3.1416时,中国还停留在"周三径一"的古率阶段,并一直沿用到汉代。西汉刘歆算得3.141547或3.14166,有效数字为3.1,东汉张衡得到92/29和10的平方根这两个表达方式。刘徽算出圆周率为3.14,但是祖冲之不满足于刘徽这个成果,他通过刘徽的割圆术,从正六边形出发,

刘徽《九章算术注》书影

直到计算出正6乘2的12次方边形的面积。他用更开密法，进一步算出了圆周率大于3.1415926小于3.1415927的结果。得到这样的结果，要对这样一个九位数字进行不下130次的包括开方在内的运算，这需要何等的毅力、决心和精力！这在当时是一项了不起的成就，他不但把刘徽的数值精度提高了上百倍，而且运用了"盈朒二限"的方法给出了一个无理数值的变化范围。这是一个无理数表示的基本方法，这种方法，除了希腊大数学家阿基米德之外，运用得最好的就是祖冲之了。祖冲之得出了两个表达圆周率的分数，一个是22/7，一个是355/113，前者称为约率，后者称为密率。密率是一个很好的近似值，有人作过计算，如果用它来计算半径为10公里的圆面积，误差不会超过几毫米。祖冲之对圆周率的求索，超过了世界水平整整1000年！直到16世纪，德国人V·奥托和荷兰人A·安托尼斯才发现了圆周率的密率355/113，并命名为"安托尼斯率"。1913年日本数学史家三上一夫建议将祖冲之圆周率的密率数值命名为"祖率",得到一致赞同。

十二平均律

> "相生有序,循环无端,十二律吕一以贯之。"
>
> 《律吕精义》

最早记录中国古代乐律学研究的是写于战国时期的《管子》一书,书中记载了对声音阶弦长比例的研究成果,在宫、商、角、徵、羽五音中,下一音阶一般为上一音阶的三分之二或四分之三,故称为三分损益法。而音阶又是由若干相差五度的音组构成,在乐律学中被称为"五度相生律"。五音加上变徵和变宫两个半音,就组成七音阶。五度相生律不仅是五声体系的基础,也导致了更为全面的十二律体系的诞生。这12个乐音的名称美丽而富有诗意,但是几乎无法翻译成其他语言,和西方名字对照起来,就是:c #c d #d e f #f g #g a #a b c1。

按照五律相生法,在生律11次之后,最后一个音应该是最初那个音频率的二倍;但是情况并不是如此,这给古代律学家们造成很大烦恼,也激发了他们的创造和探索的激情。对12个音阶的绝对值和相邻音阶之间的比例关系的准确数值的探求几乎贯穿了中华古代文明历史的始终。1957年在河南信阳出土的春秋编钟和1978年在湖北随县出土的战国曾侯乙墓编钟,每只钟的音律分配都逐渐趋近十二平均律,音高和音频都接近当今所确定的数值。但是这些还是在三分损益法基础上的改进和提高,还不够准确和精准。两汉、魏晋、隋唐、五代、宋代都有人不屈不挠地探求

湖北随县曾侯乙墓出土的编钟,音域宽广,音质优美。

着,就是不能彻底解决这一千古难题。时代呼喊一位天才结束这种状况,朱载堉就应运而生了。

"布衣王子"朱载堉(1536—1611),是中国明代一位杰出的音乐家、数学家和天文历算家,生于怀庆府河内县(今河南省沁阳市),是明太祖朱元璋的九世孙。他父亲曾下狱,家道中落,他一生无心钻营,一心向学,把全部精力投入科学研究特别是声律的研究。在皇帝决定恢复他的皇室身份之后,朱载堉并没有接受,而是继续闭门研究科学。朱载堉从小天资聪颖、勤奋好学,八岁就能吟诗,"儿时即悟先天法,稍长,学无师授、辄能累黍辨黄钟",对乐音具有先天的敏感素质。在父亲和外舅祖何瑭的影响教育下,朱载堉精心研究学问。嘉靖三十九年(1560),他写出了自己的处女作《瑟谱》;公元1584年,他又完成了科学名著《律学新说》，第一次提出了十二平均律的理论及计算方法，向自古沿袭的三分损益说发起挑战，使各律之间的比例更准确。这是中国，也是世界音乐文化史上的一个光辉的创造，比西方人发明此律要早100多年。

朱载堉不仅是十二平均律理论的提出者，也是这一理论的第一个实践者。他根据十二平均律的理论反复研制、创制出了世界上第一架发音准确的乐器——弦准。他把开平方、开立方的数学运算应用到律学中，得出两律之间的音频差距为2开12次方，使数值精确到小数点之后十几位，推导出最完美的等比数列，获得了各律音高间隔的等程性，成功地解决了音阶在音律上的转调问题。这是乐律史上的一次革命。制定出十二平均律之后，朱载堉高兴地说："新方法不用三分损益，也不拘于每隔八个音就得调整一次的旧法，每个音之间排列有序，可以往复无穷地循环下去，十二个乐音，一气贯通，真是自有音乐以来两千年所没有的成就。"现在他的十二平均律的理论已在世界各国得到了广泛的应

《伯牙鼓琴图卷》，元王振鹏作，表现了俞伯牙与钟子期以琴会友的场景。

用。1890年，比利时音响学家马容（Victor Mahillon）说，他曾经验证过朱载堉的管律实验，并证实是正确的。朱载堉对数学、天文、律学都极有造诣，一生著述很多，除名著《乐律全书》外，还有《韵学新说》、《先天图正误》、《律吕正论》、《嘉量算经》、《圆方勾股图解》、《律吕质疑辨惑》等。

N项第五大发明(下)

李时珍采药图

中医药

> "以五气、五声、五色视其死生,两之以九窍之变,参之以九藏之动。"
>
> 《周礼》

中医药是中国极有特色的医药学体系,在西医进入中国以前的几千年中保护着中国人的健康,其基本理念、诊断方法、医疗机制、药物构成和现代西方医药学区别甚大,具有极其独特的色彩,在很长的历史时期领先于世界水平。直到近现代,它仍然是中国人的保健医疗的重要手段,而且能解决现代医学无法解决的一些重大疑难病症,保持着特别的优势,焕发出源源不断的活力。

早在春秋战国时代,中医学就建立了完备的理论基础和医疗实践的体系。中医药的理论基础是把人看作一个整体,把人和自然看作一个整体,认为人的疾病都是和外界自然世界不协调引起的,和自然世界关系的失调就会在身体外部表现出来,其哲学基础是"天人合一"论。

中医认为,人有五脏六腑,每一个脏腑除了本身的具体功能,还和全身各器官的正常运转某一方面的功能有关。人体以经络(和神经系统不同)这种无形无影而又神秘有效的通路联系起来,以气血(气指人体内能运行变化的精微物质,血主要指血液)、津液这种既有形又无形的物质进行运转,整个生命不是若干系统的简单叠加、割裂开的分别运行,而是极其紧密、巧妙、

【五脏六腑】

中医学把人体内在的重要脏器分为脏和腑两大类,五脏指心、肝、脾、肺、肾五个器官;六腑指胆、胃、小肠、大肠、三焦、膀胱,其中三焦指胸膈部(上焦)、上腹部(中焦)、脐腹部(下焦)的脏器组织。五脏主要指胸腹腔中内部组织充实的一些器官,它们的共同功能是贮藏精气。六腑大多是指胸腹腔内一些中空有腔的器官,它们具有消化食物、吸收营养、排泄糟粕的功能。中医学里的脏腑,除了指解剖的实质脏器官,更重要的是对人体生理功能和病理变化的概括,因此虽然与现代医学里的脏器名称大多相同,但其概念、功能却不完全一致,所以不能把两者等同起来。

有机地联系在一起的综合运行，这就是作为中医学的理论基础的中医生理病理学。中医的临床诊断以闻、问、望、切四诊为主要手段：闻包括听和嗅，谛听患者的声带、器官声音，闻嗅患者的呼吸、内脏、五官和体表气味；问当然是对患者的各种有的放矢的提问，仔细听取患者的主诉；望就是观察，包括肤色、五官、精神状态、舌苔、手指、指甲等；切就是诊脉，是中

中药加工工具

医特有的技术，医生以二三四指放置在患者手腕处，根据其脉搏的快慢、强弱、轻重、虚实来诊断病症、推断病因。这种技术达到了出神入化的地步，在过去"男女授受不亲"的年代，竟然有医生悬丝诊脉的故事，就是在女性患者手腕处系一丝线，医生从丝线传过来的细微反应诊断患者的疾病。医生在诊断时以阴阳五行学说为指导，这是一个复杂的认识论和方法论的系统。简单地说，人体的生理病理性状如发烧、亢奋、脉搏加快、皮肤发红、口渴等属于阳；相反，手足发凉、皮肤苍白、脉搏迟慢、虚弱为阴。阴阳之间互相化生，互相依存，互为消长，互相转化，这就是对患者讲究阴阳、虚实、表里、寒热为主要标志的八纲辨症施

在过去"男女授受不亲"的年代,男医生通过摸线切脉来了解女患者的病情。

治，做到对症下药，以收取出色的治疗效果。"五行"指木、火、金、水、土，其辨证关系是：土生木，木生火，火生金，金生水，水生土。而中医认为五脏六腑都可以归类为五行，每一个脏腑都有特定的性质，也是互相克制、互相影响、互为消长的。

在中医学基础上产生的中药学讲究寒、热、温、凉几种基本性质，以五种味道（酸、甘、苦、辛、咸）的药物治疗不同疾病。中药全都来自自然界，在《神农本草经》这部药物学的开山著作中记载了药物365种，其中植物药252种，动物药67种，矿物药46种，这种药物结构有益于人的健康。中医的困难和魅力就在于辨症施治，开处方就是在千百种药物名单中排列组合，几乎每一个病人、每一种疾病，甚至每一个阶段的处方都不同。历代名医积累了大量验方，这是中国乃至全世界的宝贵财富。中药在处方时，特别讲究"君臣佐使"和"七情和合"。"君臣佐使"是在面对具体患者时用药的比喻性说法，君药就是起主要作用的药，臣药就是起次要、辅佐作用的药，佐药就是减低君臣药毒副作用的药，使药就是把药力引导到具体病患部位、加强疗效的药。这种说法用了国王、大臣、官吏、侍者这几个大家熟悉的名词说明不同药物在组方中的作用。"七情和

中药在处方时，特别讲究"君臣相佐"和"七情和合"。

合",指中药在配伍时必须遵循的原则,就是单独用药治疗,两种药物互增疗效,不同药性药物有共性疗效,一药可以提高另一药疗效,一药毒性被另一药减低,两药配用可产生毒副作用,一药减低另一药的功效七种情况,要和合配伍,增加疗效,避免失误。

中国古代有一些伟大的医学家和药物学家,其中最著名的是医生是春秋战国时期的扁鹊(前407—前310),东汉的华佗(?—208)、张仲景(约150—219),唐代的孙思邈(581—682)。张仲景的《伤寒杂病论》、孙思邈的《千金要方》是医生必读的医学经典。最著名的药物学家是明代的李时珍(1518—1593),他的《本草纲目》记录了1892种药物,收集要方11000余种,附图1100余幅,有多种文字译本在世界流传,是公认的权威的药物经典。

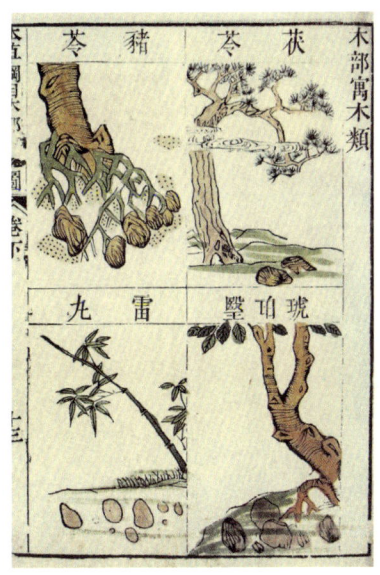
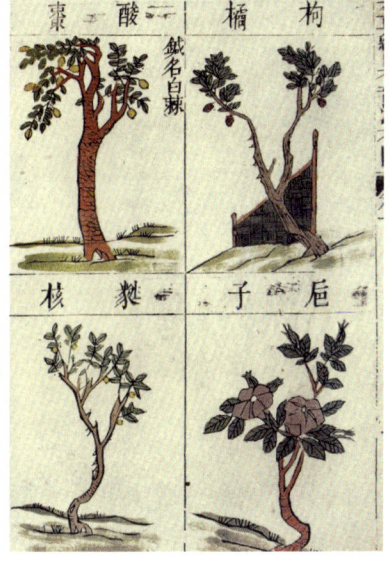

药物学巨著——《本草纲目》书影

针灸

"砭,以石刺病也"。

《说文解字》

风靡了全世界的针灸疗法操作简便、适应病症广。针灸疗法所依据的人体经络系统既无解剖实体,也无法在各种医学检验中显现图像,那些密密麻麻的、各有奇异美丽名字的、成百上千的穴位,不过是光洁皮肤上一些毫无痕迹的虚拟的点。但是针灸的疗效却如此确切而神速,甚至达到针到病除的奇效,成了中国的中医体系中最不可思议的医疗技术。这项伟大技术是始自何时、何人创造,已经无法考究了。

对这种古老技术的记载,往往和黄帝、伏羲的名字连在一起,可见其历史之久远。针灸技术本来还包括灸,就是在身体的

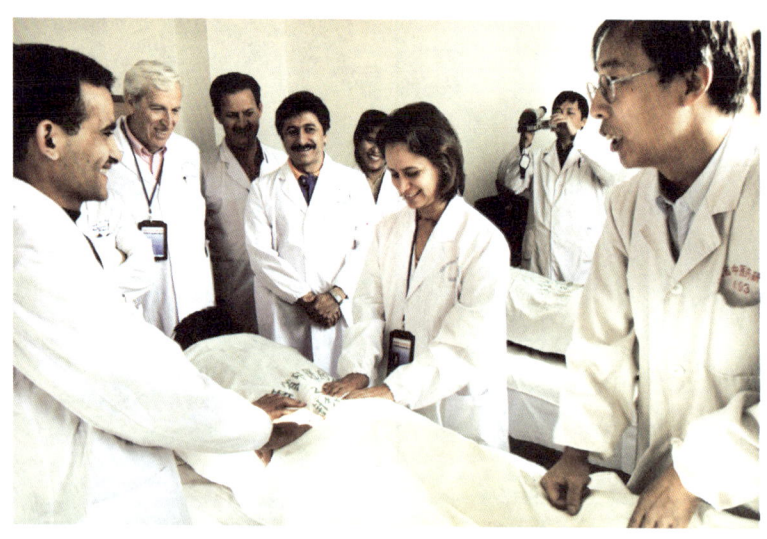

外国医生在学习中医技术。

《灸艾图》，宋李唐作。

某些特定穴位进行炙烤，以取得特殊疗效，但是针法比灸法疗效大得多，于是在谈到针灸时，大多是在谈针法。最初的针灸大致经过了砭石—石针—骨针—竹针木刺—青铜针—铁针—金银针这样一个发展变化过程。也许古代人类偶然发现把砭石扎在身上某些受伤或病痛的特殊部位会减轻疼痛，促进愈合，这就是针灸的起源。古代记述神异现象的名著《山海经》、文字学著作《说文解字》和历史学著作《左传》都有砭石治疗疮病疼痛的记载。《黄帝内经》里有关于伏羲制九针的记述，这九针分别是长针、大针、圆针、毫针、锋针等。最早的金针、银针是在河北满城西汉刘胜墓中发现的。春秋战国时期，针灸学得到更快的发展，《黄帝内经》对它作了比较系统的论述。汉代著名医生张仲景、华佗也都是针灸专家，有以针灸术为患者解除病痛的记述。与此同时，民间的针灸术也得到迅速和普遍的推广。《后汉书·方术列传》就记载了四川一位卓越的民间针灸医生涪翁的故事，说这位在涪江卜垂钓的渔翁义务为居民针灸服务，医术高明，品德高洁。这证明当时针灸医术已经非常普及。

在这里必须引入经络的概念，才能更好地了解针灸的理论和实践。经络是经脉和络脉的合称，它们是内属脏腑、外络肢节、联系全身、运行气血的通路，纵横交叉，循行于人体内外，组成了一个有机联系的系统，包括十二经脉、奇经八脉、十五络脉、孙络、十二经筋及十二皮部等。中医理论认为，经脉、络脉、奇经、经筋、皮部等的起止、循行、络属、交会，以及腧穴的主治等，反映了气血运行状况以及病理变化。经脉理论和脏腑学说一起，构成了中医生理、病理学的基础，体现了中医学的整体观点，是中医临床尤其是针灸术的理论基础和根据。在人体体表和内脏都有纵横交错的脉络传递着生命信息，运行着气血，在经络通路上又密集散布着腧穴，而在现代解剖学上却无法找到这些经络和腧穴的丝毫痕迹。以银针和燃烧的艾条刺激腧穴，就出现经络现象，有特殊感觉传导和体表心态改变等现象，也称为"循经感传现象"。针刺和热灸某些腧穴，就可以治疗和腧穴有关的病症。

魏晋时代的名医皇甫谧（215—282）是对古代针灸术文献整理有重大贡献的一位学者，他曾经沾染当时风

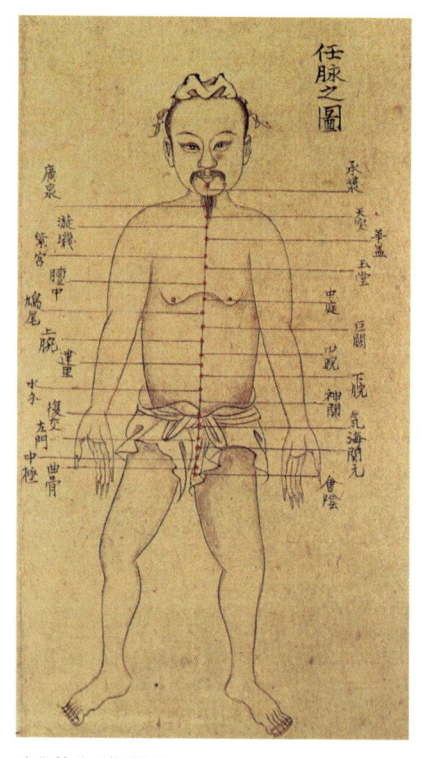

清代精绘《任脉图》

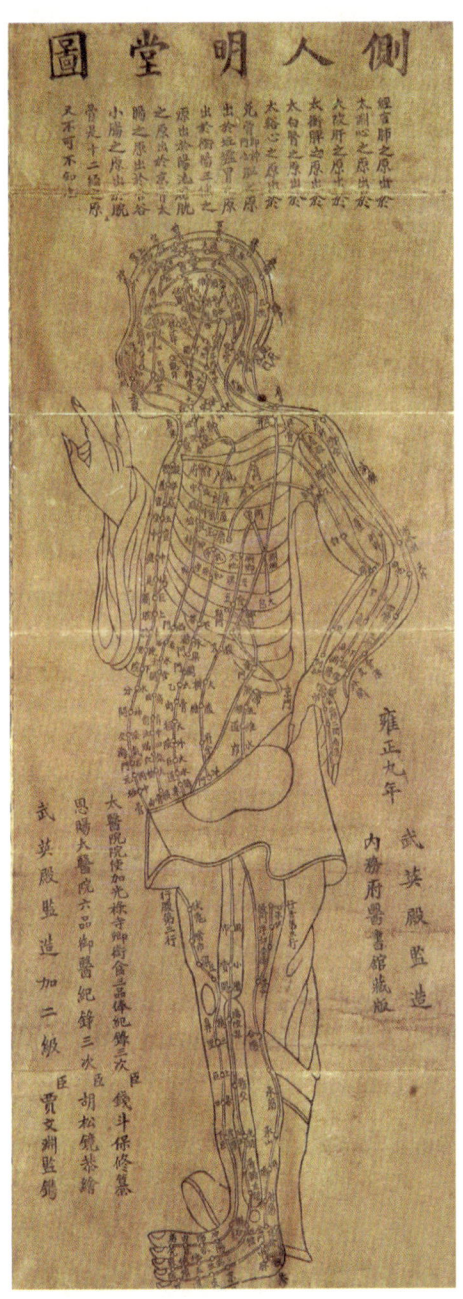

清代武英殿所制《明堂经络图》

靡一时的炼丹服石的陋习，大病一场，病愈后矢志研究医学，特别是对针灸学进行了艰苦卓绝的整理和研究工作，编成了《针灸甲乙经》一书。这部书分32卷，128篇，内容大致分为两大类：第一类是论述人的生理功能、人体经络、腧穴主治、针法针道、病理机制等等；第二类则为临床治疗，包括内外妇儿各科，尤其以内科为重点，并统一了针灸经络和穴位，对各种针灸治疗的适应症和禁忌进行了广泛探讨。该书对中国针灸医学影响极大，后世的针灸学都是在该书基础上探讨发挥的，历代医学家都把此书当作针灸学之祖。《针灸甲乙经》较早传到国外，8世纪时日本即以此书作为教科书。如今除有英译本外，法语译本正在翻译中。

北宋初年，针灸大师王惟一（约987—1067）集古今针灸学之大成，撰写了《铜人腧穴针灸图经》三卷，并创制铜人两具，使观者一目了然。这两具铜人均为男性，和真人等大，躯体外壳可以打开，胸腹腔能拆卸，腔内五脏六腑可见，部位和比例尺寸都正确无误，经络走向、腧穴位置标示清楚，共标示14条经络、657个腧穴。这是针灸史上空前精美的教学用具。据云，学生受试时，在铜人体腔内注入水银，先将腧穴涂蜡遮盖，学生刺准腧穴，则水银自穴孔冒出，其做工之精细，实为罕见。此等国宝素为国人珍视，宋、金（1115—1234）议和（1126）时，金人也以取得铜人为议和条件之一。此后铜人又几经重新铸造，并有男、女和儿童铜人，不但为国人珍爱，也流传到国外。现在日本皇宫和俄罗斯圣彼得堡均收藏一具针灸铜人。

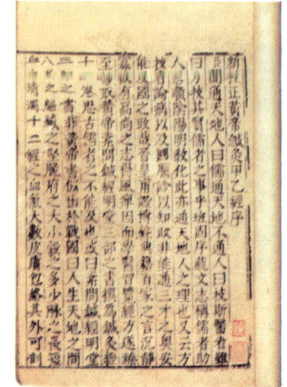

魏晋时期著名医学家皇甫谧著《针灸甲乙经》，这是中国现存最早的针灸学专著。

麻沸散

"当须刳割者，便饮其麻沸散，须臾便如醉死无所知，因破取。"

《三国志·魏书》

手术麻醉剂是手术过程中极其重要的条件，没有麻醉的手术会给病人带来很大的痛苦。19世纪之初的欧洲尚没有可靠的手术麻醉剂，据说拿破仑的御医给伤兵动手术的惟一法宝就是动作极端快速，以减轻伤员的痛苦，他在一夜之中曾经动了100多个截肢手术。而古代中国，早在公元前几百年的战国时期，名医扁鹊就配制了可以让人

明针灸铜人。通高213厘米，全身共有666个针灸点。

华佗像

麻醉以实行手术的"毒酒",而公元3世纪的名医华佗(?—208)更是配制了全身麻醉剂——麻沸散,给患者动了腹部手术。

华佗是东汉名医,精通医术,行医的足迹遍于安徽、江苏、山东、河南等地。华佗长于外科手术,在疾病发作于脏腑而药石、针灸无效时,就进行手术治疗。为了减轻手术患者的痛苦,他精心研制成功了麻沸散。在手术之前,"令先以酒服麻沸散,即醉无知觉,因剖其腹背,抽割积聚。弱在肠胃,则断截洗,除去疾秽,继而缝合,敷以神膏,四五日即愈。"相传,在发明麻沸散之前,华佗曾经为三国英雄关羽(?—220)施行过刮骨疗毒的手术。关羽在作战时中了敌方的毒箭,毒素很快侵入了骨骼,危急时刻请华

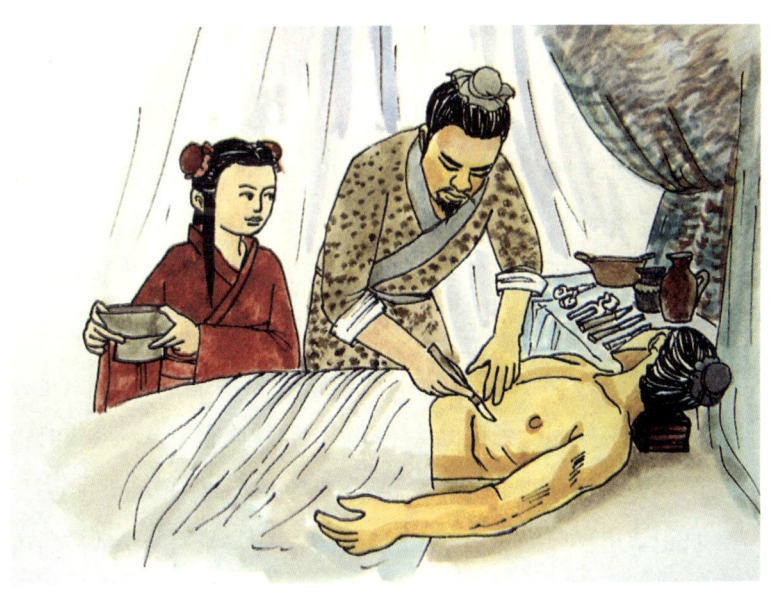

华佗为患者实施开腹手术。

具有麻醉作用的曼陀罗花

佗来治疗。华佗说，吃药、针灸已经来不及了，只有切开皮肉，把已经侵犯骨骼的毒素刮掉方可挽救性命。关羽就一面和人下象棋，一面伸出胳膊让华佗用快刀刮骨疗毒，而且在刮骨刀喀哧喀哧的声音中面不改色，谈笑自若，显示出无人可及的英雄本色，华佗也表现出一个伟大医生从容镇静的职业素质。华佗知道，像关羽这样有超常忍受力和坚强意志的英雄毕竟是极少数，一般患者是难以忍受这种痛苦折磨的，这就增添了他研制麻沸散的动力和信念。当时统治中国北方的大军事家曹操得了头疼病，让华佗治疗。华佗认为应该先服麻沸散，然后开颅取出风涎，也就是去掉造成头疼的病因，可是曹操怀疑华佗要趁他服用麻沸散暂时昏迷的时候害他，就残忍地杀害了这一代名医，麻沸散也因此失传了。据记录东汉历史的《后汉书》记载，华佗使用麻沸散先后成功地做过开腹切肠、开腹取胎、切除肿瘤等手术。华佗所进行的手术在今天看来也是难度很大的大型手术，麻沸散的发明更是一项划时代的重大贡献，远远走在世界和欧洲前面。华佗的麻醉术和麻沸散对中国后世医学有很大影响，宋元明清时代，出现了局部麻醉和正骨专科麻醉等等方法。非常可惜的是，后人无法找到麻沸散的确切配方，只大致知道其中有山茄花（曼陀罗花）的成分，因为曼陀罗花具有麻醉作用。100多年前，日本医生华冈青洲宣称找到了配制麻沸散的秘方，有曼陀罗花、川芎、白芷、乌头、天南星等，但在参与试验的两人中，一死一盲，所以麻沸散的配方几乎成了永久的秘密。

欧洲人在古代乃至中世纪治疗疾病需要动手术的时候，往往运用放血疗法。实在需要动手术时，只有靠动作迅速来减轻痛苦。直到1844年，美国人科尔顿（Gardner Quincy Colton）才使用笑气（一氧化二氮）做麻醉药，效果不理想；1848年美国人莫尔顿（William Morton）使用乙醚做麻醉药，得到广泛应用。

接种人痘

"经余种者不下八九千人，屈指计之，所莫救者，不过二三十耳。"

（清）张琰《种痘新书》

天花作为一种烈性传染病，危害人类至为惨重。中国在免疫学上的重大成就就是最晚于16世纪发明了接种人痘以预防天花传染的卓越技术。这项发明为1796年英国人琴纳发明牛痘接种和1979年世界卫生组织宣布在全世界消灭了天花病这两项光辉胜利开辟了道路。

人痘接种是中国医学注重防疫学的悠久传统的必然结果,古代的贤哲和医学先驱在他们的著作中都阐述了这样的思想观念。例如,《周易·下经》中说:"君子以思患而预防之。"意思是君子要注意疾病而加强预防。《淮南子·卷十六》中说:"良医者,常治无病之病,故无病。"意思是优秀的医生,常常治疗无病之病,所以疾病极少发生。《素问·四气调神大论》中说:"夫病已成而后药之,乱已成而后治之,譬犹渴而穿井,斗而铸锥,不亦晚乎!"意思是病已形成而后给以医药,不是太晚了吗?中国医生还有"以毒攻毒"的治疗思想。公元3世纪的医学名家葛洪(约281—341)曾用死亡的狂犬的脑子敷贴伤口为被咬伤患者预防狂犬病,公元7世纪的伟大医学家孙思邈则把生疮病人的血汁、脓汁以小刀接种于健康人的皮下以防治疮疖,这些都是中国医学免疫学的卓越试验和实践。

孙思邈像

中国本来没有天花,天花是公元2世纪左右从国外经南方传入的。对于这种可怕的传染病,中国医学家一直在进行战胜它、预防它的可贵探索。是什么时候发明出了接种人痘的有效方法呢?有三种说法,即始于公元8世纪的唐代的赵氏鼻苗法、公元11世纪的宋代峨眉山神医和公元16世纪明代安徽宁国种痘。这几种说法都是古代以毒攻毒医疗思想的体现,都是采取天花病人结痂和脓汁接种到健康人身上以达到预防天花的目的。一般学者从论据充分、有旁证资料的角度出发,多承认公元16世纪之说,但是也都承认人痘起源于唐代、宋代之说也不是空穴来风，有一定道理。

对接种人痘防疫技术的推广，清代康熙皇帝（1654—1722）有莫大功劳。1681年，康熙命官员去江西招募种痘医师，朱纯嘏成为第一个为皇家种痘的医师，被康熙派往东北地区49旗和喀尔喀为满蒙官员之子孙种痘。这次种痘甚为成功，康熙高兴地说："国初，人多畏出痘。至朕得种痘方，诸子女及尔等子女皆以种痘得无恙。今边外四十九旗及喀尔喀诸藩俱命种痘。凡所种皆得善愈。尝记初种时，年老人尚以为怪，朕坚意为之，遂全此千万人之生者，岂偶然耶？"有一位和朱纯嘏医师同时代的张琰自豪地说："经余种者不下八九千人，屈指计之，所莫救者，不过二三十耳。"这说明，天花接种的成功率达到97—98％，可见已经达到很高的水平。

由于康熙坚决推广人痘接种，天花流行的猖獗势头被遏止了。喜讯传到国外，首先是俄国于1688年请求派医师来学习种痘技术。后来，英国来华传教的医师德贞（Dudgeon）在他的《牛痘考》中说，英国驻土耳其大使夫人蒙塔古夫人（M. W. Montague）由中国医师接种了人痘，随后，这项技术就传于英国，并且得到了英国女王的信任。欧洲人都知道是蒙塔古夫人把种痘技术从土耳其传到欧洲，也普遍承认，土耳其是从中国学得种痘技术的。法国伟大的启蒙思想家伏尔泰（Voltaire, 1694—1778）在批评那些反对推广种痘技术的人时说："我听说一百多年以来，中国人一直就有这种习惯，这被认为是全世界最聪明最礼貌的一个民族的伟大先例和榜样。"

患天花的少女

中国的种痘技术17世纪传到美洲，也传到了中国的邻邦日本和朝鲜，他们在18世纪初也推广了这项技术。英国的一位人痘接种技师琴纳（E. Jenner, 1749—1823），在中国人的人痘接种基础上于1796年创造牛痘接种成功。牛痘在1805年传入中国。人类彻底消灭了烈性传染病天花，琴纳的牛痘和中国人的人痘都作出了不可磨灭的伟大贡献。

万里长城

> "起临洮，至辽东，延袤万余里。"
>
> 《史记·秦始皇本纪》

万里长城是伟大中国的象征，是悠久岁月、古老历史的见证，是古代中国人民智慧、力量和意志的结晶，于1987年被联合国教科文组织收进世界文化遗产名录。

甘肃敦煌附近汉长城遗迹

今天，在很多人眼里，长城已成为中国的标志。

  修建万里长城的过程是充满建设者血泪和豪情的，沉默屹立的长城已经阅尽春秋，冷对人世兴废，笑看英雄沉浮。

  战国时期，群雄并起，连年征战，各国都筑高墙峻垒以自保，已经初具雏形的长城分布于黄河、长江流域的广大地区。秦始皇统一中国后拆毁了其中的绝大部分，把防御对象定为北方的匈奴，派大将蒙恬（？—前210）北伐匈奴，并开始修筑长城。蒙恬利用地形、山势，沿黄河、阴山设立敌楼要塞，在北面和东面把燕、赵旧的长城连接起来，西面利用了秦昭王的旧长城，修成了东起辽东、西至甘肃临洮，绵延万余里的长城。到了西汉，汉武帝一面任用卫青、霍去病进击匈奴，一面重新修缮并增建了新

北京八达岭长城,城墙用整齐的条石和大块方砖砌成,非常坚固。

长城,向西延伸了2000多里,直到酒泉、敦煌以西。明代为了抵御北方的鞑靼和东北的女真,自开国之日起就没有停止对长城的修筑,200多年间前后大规模的施工就有18次之多,修建了一条东起碣石、西至嘉峪关,长达6700公里的长城。长城作为综合防御体系,由关隘、城墙、城台、烽燧四部分组成,城墙是长城大主体,一般都随山势而建。西部的长城多为夯土修建,首都北京附近的长城就多为砖石结构。以居庸关北口海拔达1000多米的八达岭长城为例,城墙用整齐的条石和大块方砖砌成,非常坚固。城墙平均高度为7.8米,墙基平均宽度为6.5米,墙顶平均宽度为5.8米,墙上可容五马并骑,十人并排行进。城墙顶上有女墙、垛口和瞭望洞、射眼等防御工事,每隔数百米就筑有一座敌台或烽燧。敌台是防御哨所,可驻扎士兵数十人;烽燧是用以点燃烽火传递消息的建筑。而长城的关隘更是多如星辰,自西边的嘉峪关到东端的山海关共有关隘200座左右,其中最著名的是居庸关、雁门关、紫荆关和两端的山海关、嘉峪关等。山海关附近的九门口长城因为跨越了湍急的河流,建筑雄伟,设计巧妙,也被收进了世界文化遗产名录。在长城失去了原来的防御工事意义的现代,这些关隘有的成为长城内外的交通要道,有的发展为城市,有的成为著名的名胜古迹和旅游景点。

长城是人类建造的最费时费工的伟大建筑。据估计,修建万里长城需要1.8亿立方米的夯土和6000万立方米的砖石,如果筑成一道5米高、1米宽的高墙,可以围绕地球一圈有余。它依山势而建,在崇山峻岭中修建这样宏大的建筑,真是难以想象,当时是怎样勘察、测量、设计、施工的?怎样克服了运输的巨大困难?怎样采集筑城的原材料?怎样保障筑城大军的后勤支援?从修建万里长城的历史可以看出中国人具有何等坚强的意志、毅力和强大的力量!

隋、唐运河图。隋运河南起余杭,北至涿郡,全长2700公里,对中国南北经济文化的联系和发展起到巨大作用。

京杭大运河

"秋,吴城邗,沟通江淮。"
《左传·哀公九年》

京杭大运河是世界上最古老的运河,也是最长的运河,是中国人在水利交通方面最重要的发明创造,和万里长城齐名。最初的一段称为邗沟,始建于公元前

清《潞河督运图卷》局部,此图描绘了清代南北大运河通州段的繁忙景况。

486年。春秋末年,吴王夫差北上争霸,筑邗城(今扬州市),开通邗沟,由南端自长江引水北流,向北绕经一系列湖泊,以较短的人工渠道相连接,航道弯曲,流入淮河,连通了淮河、沂水、济水。隋代,隋炀帝用了六年时间、调遣大量人力开通了以首都洛阳为中心,南起余杭(今浙江省杭州市),北至涿郡(今北京市)的一条长达2700公里的大运河,古邗沟经过疏浚加宽成为南北大运河中的重要一段。公元13世纪,定都北京的元世祖忽必烈为了把作为经济中心的江南和作为政治中心的北方连接起来,从1283年到1292年大规模地开凿、改造了隋炀帝的V字形运河,形成以北京附近的通州为龙头南下直达杭州的京杭大运河,全长1792公里。

京杭大运河连接了北京、天津、河北、山东、江苏、浙江六省市,连接了海河、黄河、淮河、长江、钱塘江五大水系。京杭大运河是由人工河道和部分河流、湖泊共同组成的,自北向南全

京杭大运河杭州市区段的拱宸桥,这座高高的拱形石桥表达了对南巡帝王的敬意。

程可分为七段：通惠河、北运河、南运河、鲁运河、中运河、里运河和江南运河。京杭大运河作为南北的交通要道，在历史上曾起过巨大作用。

大运河长期以来是中国封建政权赖以生存的南粮北运的大动脉，为传统漕运提供了通畅渠道和可靠保障。以漕粮为主兼及其它商品的水路运输，使运河地区发展成一条巨大的经济带，"船舶往来，商旅辐辏"，帆樯如林，市廛栉比。运河畅通后，一直是沟通南北的交通要道，许多古城因此而兴起。在明清两朝，运河沿岸地区更是市场发达、经济繁荣。这样一个伟大的工程，其科学技术含量是很高的，首先要在较大的范围内进行地形测量，还要挖掘遇到高岗山丘时的越岭运河。由于越岭要应付高低不平的地势和通船的需要，还得修建一系列船闸，以节制水流，调整水位，提高航深，改善航行条件。大运河素以船闸众多闻名，历代建设者也积累了丰富的建造船闸的经验。船闸出现的时间，尚

没有明确的记载。据南北朝时宋李昉等编纂的《太平御览》中的记载，南朝景明年间（423—424），有人乘船过扬州斗门（即船闸）时落水淹死，这说明船闸最迟在南朝时就已经存在了。唐代在另一条运河灵渠上设立了18道船闸。北宋时期船闸技术得到进一步完善和发展，有一位任淮南转运使的乔维岳（926—1001）建设了多处船闸，保证了南方粮税的运输。公元984年他主持修建了西河闸，闸室长50步，相当于76米，有两个可以升降的平板闸门，当闸室与上游或下游水位平齐时开启上闸门或下闸门，这和现代的船闸很相似。根据重和元年（1118）的统计，淮扬运河及杭州到泗州的1000多里的航道上完全用船闸来控制水位以保证行船。欧洲的第一个船闸修建于1373年。

中国人民极其珍惜这条伟大的运河，正在申报世界文化遗产，而世界文化遗产申报规则中对古运河的文化定义是："它们代表了人类的迁徙和流动，代表了多维度的商品、思想、知识和价值的互惠和持续不断的交流，并代表了因此产生的文化在时间和空间上的交流与相互滋养，这些滋养长期以来通过物质和非物质遗产不断得到体现。"

都江堰

"水旱从人，不知饥馑，时无荒年，天下谓之天府也。"

《史记》

中国大部地处北温带，气候多变，地势西高东低，地形复杂，干旱和水灾交替出现，所以古代水利工程也都是围绕这两种自然灾害进行，而且相当发达，也积累了大量经验教训。工程种

纪念李冰父子的二王庙的石壁上，刻有李冰的治水口诀"深淘滩，低作堰"。

类繁多，大致有渠系工程、陂塘工程、圩田工程、海塘工程、坎儿井工程等数种。其中渠系工程和陂塘工程最为重要。渠系工程多用于平原地区，以蓄水、灌溉为主，开掘渠道引水灌田；陂塘工程多用于丘陵地区，利用地势地形，制造湖泊水塘来拦截流水灌溉。建造水力工程的过程也是先人挥洒创造激情、施展智慧才华和发扬奋斗精神的过程。仅渠系工程中，先人修建的主要水利工程就有：关中地区的郑国渠和白渠，燕赵大地的漳水十二渠，四川成都都江堰，北京戾陵渠，宁夏艾山渠，河套引黄灌渠等。

其中名气最大、至今仍发挥着巨大效用的要数四川都江堰。

　　都江堰古称金堤、都安大堰等，建于公元前3世纪，宋代才开始叫都江堰。都江堰位于岷江中游灌县境内。岷江从上游高山峡谷进入平原，流速减慢，携带的大量沙石随即沉积下来，淤塞河道，河水时常泛滥成灾。秦昭王（前306—前251）后期，派著名水利专家李冰为蜀地太守，李冰到任后就立即主持展开了这项著名的水利工程。这是一项无坝引水灌溉工程，有自动分流、自动排沙、控制进水流量三大功能，共有分水鱼嘴、宝瓶口和飞沙堰三部分。李冰先凿开了宝瓶口，希望把水送到成都平原去灌田，但是岷江东岸地势高，水流不过来，李冰又在江心用装满大石块的竹篓垒成一个鱼嘴形的小岛，把水硬是给分到江水的东半部，

这就是分水鱼嘴的来历。在岷江中间修建的分水堰,把岷江一分为二,外江为岷江主流,供泄洪时用,内江供灌渠用水。宝瓶口是控制内江流量的咽喉,其左为玉垒山,右为离堆。此处岩石坚硬,开凿极其困难,当时人们采用火烧岩石,再泼冷水或醋,使岩石在热胀冷缩中破裂的办法,才在山岩上开凿出一条宽20米、深40米、长80米的通道。飞沙堰修在鱼嘴和宝瓶口之间,起溢洪和排沙、卵石的作用。当洪水来临时,内江过量的水从飞沙堰顶溢入外江,同时把携带的大量河卵石排到外江,减少了灌溉渠道的淤积。由于都江堰位于扇形的成都冲积平原的最高点,所以自流灌溉的面积很大,取得了灌田万顷的效果。从此,成都平原变成了"水旱从人,不知饥馑,时无荒年"的"天府之国"。更为

都江堰江心建有分水堤,内外两条江可根据季节与生产的需要调节水量,起到防洪与灌溉的作用。

可喜的是，经过了2200多年的漫长岁月，都江堰依然葆有勃勃生机，继续发挥着防洪灌溉旅游的多重作用，成为古代水利工程的杰出代表，并且被列入世界文化遗产名录。来到都江堰参观的外国朋友无不赞叹它巧夺天工的设计和建造者惊人智慧，专家们则认为它极其巧妙地运用了回旋流的科学原理。

趣味发明集锦

以上这些发明都是关系到中国和世界的国计民生和科学技术发展的项目，除了这些"大"发明之外，还有一些虽然比较次要，但是却极为有趣，直到现在还在丰富着中外人民生活的发明和开创。它们并没有因为时代的变迁和科学技术的发展而失去魅力和活力，其作用和影响甚至比那些大发明还要强大。这些在现代生活中及其普遍的事物或多或少都能在中国古代历史中找到其萌芽。它们虽然看上去微小，但给后世留下了有趣和轻松的印象。让我们在历史的长河中来寻觅一下它们的踪迹。

风筝

"公输子削木以为鹊，成而飞之，三日不下。"

《墨子·鲁问篇》

中国是风筝的故乡。风筝又叫纸鸢、纸鹞，利用风力使之上升至空中，至今已有2000年的历史。风筝的始祖应该是鲁班（约前507—约前444），又称公输班，据说他会"削竹为鹊，成而飞之"。他也首开了将风筝用于军事侦察的先例，史书记载，"公输班为木鸢以窥宋城。"公元549年，南梁（502—557）武帝时侯景发动叛乱，包围了皇宫，宫女"做纸鸢，飞空告急于外"，这是风筝用于传递军事情报的开始。风筝这个名字的确定，应当归功于汉隐帝时的大臣李邺，他在宫中曾以线放纸鸢为戏，

"燕"风筝

"蜻蜓"风筝

又在纸鸢头部安装竹笛，风入竹笛，即发出像古筝一样的响声，因而得名风筝。明代有一种鸦形风筝，内装火药投放于敌营爆炸，谓之"神火飞鸦"，这是用于军事；明代还有利用风筝测量风速的记载，这是用于科学。李约瑟把风筝列为中华民族的重大科学发现之一。美国华盛顿国家航空和空间博物馆中有一块牌子上也醒目地写着：最早的飞行器是中国的风筝和火箭。

风筝的功能由军事转向娱乐是从唐代中期开始的，一位诗人的《小儿诗五十韵》中就提到儿童游戏"放纸鸢"。宋代放风筝的风气大盛，皇帝宋徽宗（1082—1135）不但是风筝的热心倡导者，还主持编写了《宣和风筝谱》。风筝很早就传入亚洲各国、阿拉伯世界以及世界各地，成为人们争购的工艺品和玩具。在欧洲，1589年，科学家德拉·波尔塔（Della Porta）首次在《自然魔力》这本书中提到风筝。现在一年一度的山东潍坊国际风筝节吸引着来自世界各地的风筝爱好者。

杨柳青年画《童戏风筝图》

 中国古代发明

算盘

"算盘珠,言拨之则动。"

《南村辍耕录》

算盘是在古老的筹算基础上发展起来的。筹算是在春秋时期就有的一种计算方法,是将表示不同数值的、不同颜色的算筹摆成纵横不同的数列,进行大小不等数值的加减乘除运算。筹算在中国古代使用了2000年,发挥了重大作用。但是随着社会生活的发展,对计算技术的要求也不断提高,筹算已经远远不能适应需要,于是算盘就应运而生了。算盘的原理、基本方法和筹算大致相同,吸收了筹算的大部分合理因素,但是更先进、更方便,运算更简洁,速度更快。利用算盘运算叫做珠算,珠算的名称最早见于公元2世纪东汉数学家徐岳(?—220)的《数术记遗》。北宋著名画家张择端(1085-1145)的《清明上河图》中赵太丞药店的柜台上就放着一只算盘。元代作家陶宗仪(1316—?)在他的随笔《南村辍耕录》中最早提到"算盘珠"一词,并说它"拨之则动"。明代的关于木器制作的《鲁班木经》中就有很多算盘制作的规格标准,由此可见,算盘在那时候已经非常普及。流行最广的一本珠算著作是程大位(1533—1606)的《算法统宗》,对珠算的规则和运算规律进行了全面论述。珠算口诀则以吴敬(约1390—1460)的《九章算法比类大全》最为有名。算盘这种运算工具,特别适合文化程度比

程大位像

《清明上河图》局部，北宋张择端作。

较低的百姓，甚至文盲也可以运用自如。

从现有的资料来看，许多国家都出现过算盘，但是中国的算盘是继承了筹算的基本成就而来，而且具有筹算的三个特征：九个数字符号和零的概念，位置制和十进位制，而且表示九个数字符号和零号的方法也相同。中国的珠算逐渐传播到日本、朝鲜、印度、美国和东南亚各国，直到现在，它仍然是日常运算的辅助工具，在加减法运算方面有超过计算机的优势。

清代小说《镜花缘》中女子下围棋的场景。

围棋

"尧造围棋，丹朱善之。"

《世本·作篇》

唐代绢画《弈棋仕女图》，表现了一位女人精心布子的专注神情。

围棋的故乡在中国，古称弈。传说中古代著名帝王尧为了教育儿子、启发智慧制造了围棋。早在春秋时代围棋已经流行，战国时代就更为盛行。围棋最早是作为天文工具制造出来的：棋盘每边为19格，共361路，除去中间一点，为360路，合乎周天之数；棋盘分为四隔，代表春夏秋冬四季，每隔90路恰好是每一季的天数；周路72路正好应对24节气中的72候。棋子分为黑白两色，代表阴阳概念。棋盘有四个角，四边有四个中点，加上棋盘中心点，这九个点和九宫相应。这361路棋路，如满天星斗，古人说："能数尽天星，才遍知棋势。"可见棋局像宇宙一样变化无穷。围棋的出现，还和战争有关，《左传》说："以子围而相杀，故谓之围棋。"东汉马融在他的一首长诗《围棋赋》中说："略观围棋，法用于兵；三尺之局兮，为战斗场；陈聚士卒兮，两敌相当；拙者无功兮，弱者先亡；怯者无功兮，贪者先亡。"诗人极其简洁地概括了围棋的战斗格局和战略战术，总结出既不能胆怯保守又不可贪功冒进的制胜指导方针。古代的帝王将相多从围棋吸收并锻炼智慧，三国

时代的曹操、孙策、诸葛瑾、陆逊，南朝的宋文帝、齐武帝、梁武帝，唐朝的唐玄宗等都是围棋爱好者。

围棋的规则和棋子棋盘从古至今变化不大，但是围绕围棋的进攻和防御的棋谱和战术著作却数不胜数，其最著名者如北周时期的手抄本《棋经》、南宋时代的围棋理论和围棋经验著作《忘忧情乐集》以及清代的《弈理指归》。

围棋大约从东汉时期就向印度、尼泊尔一带传播，后来又向日本、朝鲜传播，然后是欧洲。近年来围棋逐渐走向更广阔的世界。

热气球

"掷烛腾空稳，推球滚地轻。"

（南宋）范成大

公元前2世纪，淮南王刘安门客编《淮南万毕术》，其中记载了一项"艾火令鸡子飞"的游戏。注释中说："取鸡子去其汁，燃艾火内空卵中，疾风高举自飞去。"这是用空蛋壳作的一次微型热气球试验。把鸡蛋里的蛋清和蛋黄倒出，再将点着的艾火放进空蛋壳，根据热空气浮升的原理，蛋壳就会被风吹起，升到空中。就原理而言，这是正确的、有价值的、有想象力的，可能那时已经有人注意到热空气质量较空气轻、具有上浮力的现象。但是这个试验不可能成功，因为即使把蛋壳内的空气全部排出，也不可能产生足以浮起蛋壳的浮力。可是将"蛋壳"放大，这种想象就可能实现了。第一个成功发明热气球的应该是三国时代的著名政治家、军事家诸葛亮（181—234）。他在前线作战时积劳成

诸葛亮指挥作战时设计了孔明灯。

疾,临死前为了对付敌人,设计了一盏灯,即在纸笼下装一盏油灯,用燃烧着的油灯加热纸笼里的空气,使之受热膨胀上升,飘浮在高空。诸葛亮死后,敌方不知为何物,以为有神明相助,不敢贸然进攻。后来人们就把这种灯叫做孔明灯(诸葛亮又名诸葛孔明)。五代时,有一位莘七娘也曾做过一只巨大的孔明灯,通过下面松脂燃烧,升空作为军事信号,被称为松脂灯。南宋诗人范成大"掷烛腾空稳"的诗句,就是赞美孔明灯的。元代时孔明灯流行全国,每逢佳节,百姓就燃放孔明灯庆贺,观者如潮。

李约瑟指出,中国比世界上其他国家早好几个世纪发明了纸,而正是纸"导致了传统的灯笼的制成,灯笼促使了人们进一

 中国古代发明

步的试验。由于灯笼上端的孔很小，这样往往会产生强烈的光和热，有时灯笼就会自动上升甚至飞到天空"。

降落伞

"舜乃以两笠自杆而下，得不死。"

《史记·五帝本纪》

中国人早就认识到空气的浮力可以对抗地心引力，使位于高处的人平安落地。早在4000年前就出现了最原始的降落伞，它和现代的降落伞原理相通。据《史记》记载，父系氏族社会后期部落联盟领袖舜是一位受人尊敬的古代帝王，舜的父亲瞽叟（失明老人的意思）对这位好儿子极不公平，总是设计谋害舜。一次舜在高塔式粮仓上干活，瞽叟就在下面点火焚烧了粮仓，要烧死儿子。舜手拿两个圆锥形斗笠从高高的粮仓上飞了下来，并平安落地。这是人类利用空气浮力的最初尝试。又据南宋（1127-1279）名将岳飞（1103—1142）的孙子岳珂（1183—约1242）在一部笔记《桯史》中记载，广州有一座很高的清真寺，有一天人们忽然发现清真寺塔顶的一只巨大的金鸡缺少了一只腿，原来是被一个

舜持斗笠从粮仓上跳下，并平安落地。

现代降落伞

窃贼盗走了。这个窃贼在供词中交代了他巧妙逃脱的过程。原来窃贼拿着两支没有柄的雨伞匆忙跳下，雨伞起到降落伞的作用，劲风把伞撑开，也使他平安落了地。17世纪时，法国驻泰国的大使德·芦贝尔亲眼看见中国杂技演员如何利用降落伞的情景，他在《历史性关系》中写道："演员在高空惟一可以借助的是两把伞，把它紧系在腰上，人从大铁圈里钻过去往下跳，风有时把他带到地上，树上，有时吹到河里。"

在欧洲，达·芬奇（Leonardo da Vinci, 1452-1519）15世纪设计过降落伞草图；18世纪末，利诺曼（Lenormand）利用两把伞从房顶成功跳下，正式将此发明命名为降落伞。

 中国古代发明

弓箭

"羽丰则迟,羽杀则躁。"

《考工记》

考古发掘的实物表明,中国早在两万年前就有了弓箭。完整而有效的弓箭必须具备三个条件:一是坚韧的、可以成功储备能量的弓,二是锋利的、可以射杀目标的箭,三是保持箭平稳飞行的技术。中国古代的弓箭完全具备了这三个条件。在山西旧石器时期遗址中发现了加工精致的箭镞,石片制成的箭镞锋利、尖头、造型周正,可以安装箭杆,已经是成熟的箭镞。弓一般都是用竹木及动物的筋制造,由于年代久远,一般不会保存下来,但是既然有箭镞,弓的存在是无疑的。关于保持箭镞飞行姿态平稳的问题,中国最早的科学技术文献《考工记》有比较详尽、准确的论述。《考工记》中"矢人"条目说:"夹其阴阳,以设其比,夹其比,以设其羽。三分其羽,以设其刃。虽则有疾风,亦弗之能惮矣。"意思是根据箭杆的阴阳面,设定其比例,根据比例关系,设定箭尾的羽翎,把羽翎在箭杆的三个方向安装,再安装箭镞,这样,即使有大风,箭也不会失去平衡。箭在飞速前进

足蹬弩施放图

时，翎羽就可以起到纠正箭矢方向、平衡箭矢姿态的作用。

"矢人"条目还说："羽丰则迟，羽杀则躁。"箭羽太多了，空气的阻力和摩擦力就增大，影响了箭的速度；箭羽太少了，箭的纵向或横向的稳定性就较差，飞行时容易偏斜甚至坠落。中国古代早期弓箭在箭镞的锋利和飞行稳定度方面都居于先进位置，后来青铜箭镞和弩机的出现就使弓箭技术更上一个台阶。

火柴

"有智者，批杉条染硫黄，置之待用，一与火遇，得焰穗然。既神之，呼引光奴。今遂有货者，易名火寸。"

《清异录·器具》

中国是第一个发明火柴的国家，这段历史要追溯到1500多年

北齐的宫女发明火柴。

中国古代发明

之前。南北朝时代,公元577年,北周(557—581)和南陈(557—589)两国合力围攻北齐(550—577)首都邺城,北齐两面受敌,当时王宫中已经非常拮据艰难,物资奇缺,特别缺乏烧饭和取暖用的火种,宫中后妃就发明了"发烛"这种新东西。它是用削得很薄的木片沾上融化了的硫磺制成的,在有摩擦力的硬板上反复摩擦几次就可以发出火苗来。宋代作家陶谷在他的笔记《清异录》中又记载了一种叫"火寸"的东西,开始时人们叫它"引光奴"。它也是削得细薄的木条沾上融化的硫磺制成,但是它不易摩擦自燃。后来,人们又把磷涂在"火寸"上,才使它很容易就自燃起来,成为受欢迎的火柴。火柴的名字不少,还有叫"淬儿"和"取灯"的。

在国外,直到16世纪才有了类似的硫磺制成的火柴。现代意义上的火柴则是英国人发明的,后来经过瑞典人的改造,成为只有在涂磷的表面才可以燃烧的安全火柴。外国研制的火柴被中国人称为"洋火",岂不知第一根火柴竟是我们的先人在1000多年前发明的。

中国功夫

"纵放屈伸人莫知,诸靠缠绕我皆依。"

《拳经总歌》

中国功夫也叫武术,是中国特有的将健身锻炼和格斗擒拿合为一体的运动项目。武术起源于劳动,发展于攻防和健身的需要,具有悠久历史。在漫长的武术发展的历程中,孕育了众多门类和数不清的风格流派,在这些武术流派中以少林拳、太极拳、

形意拳、醉拳等几种拳法最为著名。

少林拳起源、兴盛于河南嵩山的佛家寺院少林寺。少林寺初建于公元495年，虽几次被焚毁，但是少林拳却经久不衰。少林拳因动作简单，朴实清晰，刚劲有力，深受僧徒和附近百姓的喜爱，它拥有拳法、刀法、棍法、剑法等数百种套路和击法，在全国具有十分广泛的影响。

太极拳原名陈氏拳，起源于15世纪的河南温县陈家沟，其创始人陈王廷在田园牧歌式的生活中创造了这种拳法，并与抗击倭寇（日本浪人和匪徒）的名将戚继光（1528—1587）的《拳经》相结合。后人加以继承发展，又吸取了《易经》中阴阳五行的理论，形成一种柔韧、缠绵、和谐、含蓄的风格和外柔内刚、调节气血的独特功能。太极拳在普通百姓中影响很大，全国各地练习者众多，已故中国政治家邓小平（1904—1997）曾经题词"太极拳好"予以倡导。

练习太极拳的老人

形意拳始于明末清初，起源于山西，根据阴阳五行展示拳路相生相克的变化，并以龙、虎、猴、马、鼍（音tuó，一种爬行动物）、鸡、鹞、燕、蛇、鸽、鹿、熊12种动物的形象和动作特点为参照，形成了动作简单、结构严密、攻防清楚、姿势稳固、节奏分明、爆发力强的套路和拳法，在武术界享有盛名。

醉拳是象形拳的一种，相传起始于春秋战国时期。醉拳讲究形醉人不醉，要求头如波浪、拳如流星、腰似摆柳、脚成碎步，在跌冲摇摆的醉态中表现出闪展腾挪、虚守突走、逢击而避、乘虚而入等技法。它的眼法、手法，特别是脚法都极有特色，时常

中国功夫明星李小龙

表现出鹞子翻身、鲤鱼打挺、乌龙缠柱、饿虎扑食等等动作，令人耳目一新。

足球

> "临淄甚富而实，其民无不吹竽、鼓瑟、弹琴、击筑、斗鸡、走犬、六博、蹴鞠者。"
>
> 《史记·苏秦列传》

在今天已经成为运动项目之王的、中国水平还相对落后的足球，却发源在中国。古代的足球称为蹴鞠，早在殷商甲骨文中就有蹴鞠舞的记载和象形字。战国时期，蹴鞠已经非常流行，据《史记·苏秦列传》记载，齐国都城临淄市民无不奏乐下棋，蹴鞠游戏。著名医生葛洪的《西京杂记》中还记述了一个和蹴鞠有关的故事：西汉的刘邦（前256或前247—前195）当了皇帝之后，把自己的老父接到京城，终日享福，美食华服，可是老父并不快乐，因为远离了家乡的"沽酒、斗鸡、蹴鞠"的生活。刘邦就仿照家乡丰邑的样子建立新丰城，迁来乡亲球友，老父才开心起来。由此可见蹴鞠的盛行。汉代还出现了第一部论述蹴鞠的书《蹴鞠新书》。当时的球以皮革缝制，内充毛发，大约在晚唐又出现了充气足球，以动物尿泡作球胆。到了宋代，足球外皮已经由8块增加到12块。

球的进步也带来了球场、球门的一系列变化。到唐代，球场正式出现，球门升到高空，叫"风流眼"。到了宋代，球门从六个减少为单门，以球门为界，分为两队，双方各为12—16人。球在队员之间传递，不许落地，最后传给球头（类似中锋），由球头起脚射向"风流眼"，射进得筹。全场以三筹五筹计，得满三筹五筹即为终场。

大量史料证明，中国古代的蹴鞠就是现代足球的起源，中国是足球运动的发源地。1980年4月，国际足联技术委员会主席布拉特（Joseph S. Blatter，现任国际足联主席）在《国际足球发展史》中指出，足球发源于中国，由于战争而传入西方。

元代画家钱选临摹的《宋太祖蹴鞠图》，画中宋太祖赵匡胤举足蹴鞠，宋太宗及诸大臣在旁观看。

唐代妇女玩步打球。

高尔夫球

"盛以锦囊，击以彩棒，碾玉缀顶，饰金缘边。"

《丸经》

捶丸是中国古代丰富多彩的球戏之一，原名"步打"，是一种徒步游戏，以击打球子入球窝得分。它是从古代的蹴鞠运动中分化出来的。唐代诗人王建的《宫词》中就有这样的描写："殿前铺设两边楼，寒食宫人步打球，一半走来争跪拜，上棚先谢得头筹。"这说明和现代高尔夫球类似的"步打"，早在1000多年前就已经很流行了。《宋人画册》中就画有两个小儿捶球的生动形象。到了元代，有关捶丸的专著《丸经》问世，书中记载了宋徽宗赵佶、金章宗完颜璟"皆爱捶丸"的史实。明代《明宣宗行乐图》描绘了宣宗朱瞻基身穿便服、下场击球的场面，以及场地、球窝、彩旗标志等实景，非常真切，给高尔夫球运动留下珍稀资料。可贵的是，捶丸所用球杖、球子、场地和进球规则与当今高尔夫球如出一辙，使人不得不相信，二者之间有某种渊源。

欧洲的高尔夫球运动始见于14、15世纪之交的欧洲古画，图中二人执球，一人执杆，这被认为是欧洲高尔夫球运动的开始。

有关发明的重要古代科学文献

科学发明的传承和研究，靠的是科学文献和考古发掘以及部分保存至今的实物，其中那些杰出的科学文献起到了极其巨大的作用，后世能总结出这些发明和发现，很大程度上是靠在这些科学技术文献中探幽抉微，寻找蛛丝马迹，才得以确认的。现从大量科学文献中筛选出十种最重要的文献，供对中国古代发明有兴趣的读者参考。

《考工记》

先秦古籍中的重要科学技术著作，作者不详。据后人考证，它是春秋末年齐国人记录先秦时期手工业技术的官书（齐国政府制定的指导、监督和考核官府手工业、工匠劳动制度的书）。西汉河间献王刘德因《周官》缺《冬官》篇，以此书补入，刘歆校改时改《周官》为《周礼》，故亦称《周礼·考工记》。该书主要记述有关百工之事，分攻木之工、攻金之工、攻皮之工、设色之工、刮摩之工、抟埴（即抟埴，陶瓷烧制前的做胎工艺）之工六部分，分别对车舆、宫室、兵器以及礼乐诸器等的制作作了详细记载。《考工记》是中国传统文化中一部非常有特色的著作，是研究中国古代科学技术的重要文献。

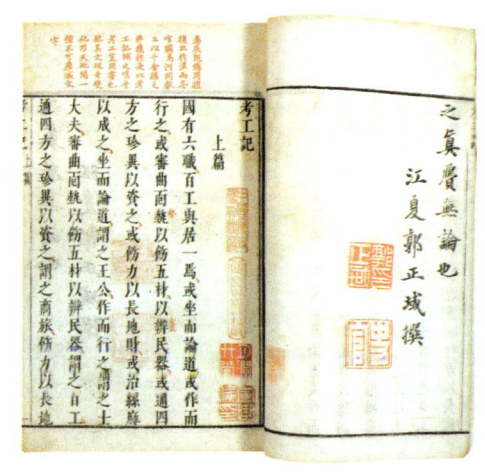

《考工记》书影

《黄帝内经》

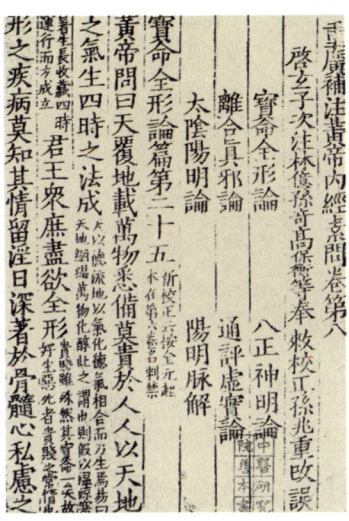

《黄帝内经》书影

现分为《素问》和《灵枢》两书,是中国现存较早的医学文献,成书在先秦至西汉年间,托为黄帝所作。本书总结了古代人民长期和疾病斗争的经验和理论知识,奠定了中国医学的理论基础。《汉书·艺文志》说:"内经十八卷。"魏晋间皇甫谧《针灸甲乙经·序》说:"今有《针经》九卷,《素问》九卷,二九十八卷,即《内经》也。"一般认为《针经》即今流传的《灵枢》。《黄帝内经》以朴素的辩证唯物主义思想,对人的生理解剖、病理机制、阴阳五行、天人相应、五运六气、脏腑经络、望闻问切、辨症施治、用药原则、针灸按摩等加以论述,而且首次提出了血液循环的设想,并对内科、外科、儿科、妇科310种病征进行了介绍,是中医药学的基础理论和医疗实践成功结合的范例,直到今天在中医临床方面仍具有重大指导意义。

《伤寒杂病论》

东汉张仲景(约150—219)著,成书于东汉末年。张仲景"勤求古训,博采众方",在《黄帝内经》基础上,提出了包括理、法、方、药在内的辨症施治原则。全书分为"伤寒"和"杂病"两大部分,以六经论伤寒,以脏腑论杂病,分别记载在《伤寒论》和《金匮要略》中。伤寒是一切热病的总称,分为六大症

张仲景像　　　　　　　　　　《伤寒杂病论》书影

候群，杂病部分还记载了40多种疾病，200多个药方。《伤寒杂病论》以"六经分类"、"八纲辨证"、"四诊合参"为前提，形成了一整套基本理论、治疗法则、处方规则、配伍规范。全书分类简明，辨证切要，对病因、病机、诊断、治疗的论述特别精当，如对一些人生意外如自缢的救治，如人工呼吸，其方法和原理都很有科学道理。在处方上，这部著作剂型种类之丰富完备、处方之精当严谨都大大超过了以往。仅就剂型而论，就有饮片、散剂、酒剂、洗剂、浴剂、熏剂、滴耳剂、灌鼻剂、外用栓剂、灌肠剂、外用软膏剂等多种。后世称：其言精而奥，其法简而详。是一部真正的中医学的经典。

《齐民要术》

北魏（386—557）贾思勰著。贾思勰是一位官吏，也是一位农业经营者。这本书约成书于公元533—544年，是中国至今保存完整最早的一部古农书。全书92篇，11万字，分为十卷，分别论述各种农作物、蔬菜、果树、竹木的栽培，家畜、家禽、鱼类的饲养，农产品加工，酿造业和副业等，比较系统地总结了黄河中下游地区丰富的农业生产经验。书中所载旱农地区的耕作和谷物栽培方法，梨树提早结果的嫁接技术、树苗的繁殖、家畜家禽的去势育肥技术，以及多种农产品加工的经验，都显示出当时中国的农业生产水平已达到了相当的高度。

《齐民要术》书影

《梦溪笔谈》

北宋沈括（1031—1095）著，共30卷，包括《补笔谈》三卷，《续笔谈》一卷。因写于润州（今江苏镇江）梦溪园而得名。成书于11世纪末，分故事、辩证、乐律、象数、人事、官政、机智、艺文、书画、技艺、器用、神奇、异事、谬误、讥谑、杂志、物议17目，凡609条，内容涉及天文、数学、物理、化学、生物、地质、地理、气象、医学、农学、工程技术、文学、史事、音乐和美术等。其中自然科学部分总结了中国古代，特别是北宋时期的科学成就，如毕昇发明的活字印刷术，先进的炼铁、炼铜方法，先进的木工技术及代表人物喻皓，先进的水工技术及代表人物高超，还记述了石油的广泛利用并首次使用了"石油"的名称。此书对一些自然现象和科技

沈括像

成就不但论述精辟，而且富有首创精神，如提出虹的成因是阳光折射，潮汐的主要成因是月亮出没、常州陨石的主要成分是铁、流水对地形地貌的侵蚀作用，第一次发现了磁偏角，对凸凹面镜和透光镜原理作出了解释，发现了共振现象等。

《营造法式》

中国古代建筑学专著，北宋熙宁年间由专职修建的将作监开始编修，元祐六年（1091）成书。因用料太宽松等原因，由李诫（？—1110）重新编修，于元符三年（1100）成书，崇宁二年

《营造法式》中的五彩琐文图

福建泉州安平桥,建于南宋绍兴八年至二十一年(1138—1151),是我国现存最长的海港大石桥。

（1103）刊印。全书共34卷，分释名、各作制度、功限、料例和图样五部分，计357篇，3555条。书中对石作、木作、竹作、泥作等作了详细的描述，对建筑部件的雕刻和旋制、彩画的绘制都说明了施工步骤和具体要求，对一些建筑结构、使用的构件和材料、施工工艺等都作了系统的规定，还特别对用工用料作了十分具体的规定，从而杜绝了贪污盗窃。这本书在具体设计上又采取相当灵活的政策，以保证艺术质量。其内容多来自当时熟练工匠的经验，成为当时中原地区官式建筑的规范，并保存了一些现存古建筑的建筑和装饰的图样和数据，对研究中国建筑史有重要参考价值。

《农书》

大型综合性农书，元王祯（生卒年不详）著。王祯当过劝农的县官，他认为，对农业一窍不通的县官怎么能劝农呢，于是就对农业进行了专门的研究。这部有关农业的专著成书于1313年，全书分三部分：（1）农桑通诀，六集，总论农业的各个方面；（2）百谷谱，十一集，是各种大田作物及果、蔬、竹、木的栽培专论；（3）农器图谱，二十集，是本书的重点，罗列各种与农业有关的工具，

秧马图。王祯《农书》中的秧马，是古代劳动人民为免除弯腰插秧的劳累、提高插秧的效率而创造的。

并绘图270余幅分别加以说明。其中一些农具已经失传，这本书留下了极其宝贵的资料。书中常对南方和北方的农业，以及所用农具的异同、利弊作比较，并进行讨论。书末附有《造活字印书法》一篇，介绍王祯所改进的刻字、排版等方法。

《本草纲目》

明李时珍（1518—1593）著，共52卷，成书于1578年。分16部，60类，192万字，载药1892种，其中有三四百种是作者自己探索发现的。它的编纂，分类合理，论述清晰，被誉为"医学之渊海，格物之通典"。书中每种药物以"释名"确定名称；"集解"叙述产地、形态、栽培及采集方法；"辨疑"、"正误"考定药物品种真伪和纠正文献记载错误；"修治"说明炮制法；

李时珍像

"气味"、"主治"、"发明"分析药物的性味与功用;"附方"搜集古代医家和民间流传方剂11000余首,并附1100余幅药图。该书内容极为丰富,系统地总结了中国16世纪以前的药物学知识和经验,是中国药物学、植物学等的宝贵遗产,对中国药物学的发展起着重大作用。刊于万历二十四年(1596),1607年即有日语译本,现有英、法、德、日、俄等七种文字译本在世界流传,为世界药物学家、植物学家及其他学者所重视。著名生物学家达尔文(Charles Darwin,1809—1882)曾称赞《本草纲目》是中国药物学的百科全书。

《天工开物》

明宋应星(1587—1661)著,初刊于崇祯十年(1637),分三编十八卷,较全面系统地记述了中国古代农业和手工业的生产技术和经验,并附有插图121幅。上编内容包括谷类和棉麻栽培,养蚕、缫丝、染料、食品加工、制盐、制糖等;中编包括制造砖瓦、陶瓷、钢铁器具,建造舟车,采炼石灰、煤炭、硫磺,榨油、制烛、造纸等;下编包括五金开采及冶炼、兵器、火药、朱墨、颜料曲药的制造和珠玉琢磨等。书中对原料的品种、用量、产地、工具构造和生产加工过程等记载都很详细。三编总计记述了130项生产活动的操作技术。整个作品文字简洁,论述扼要,作者通过实地观察研究,对当时大部分处于世界领先水平的生产技

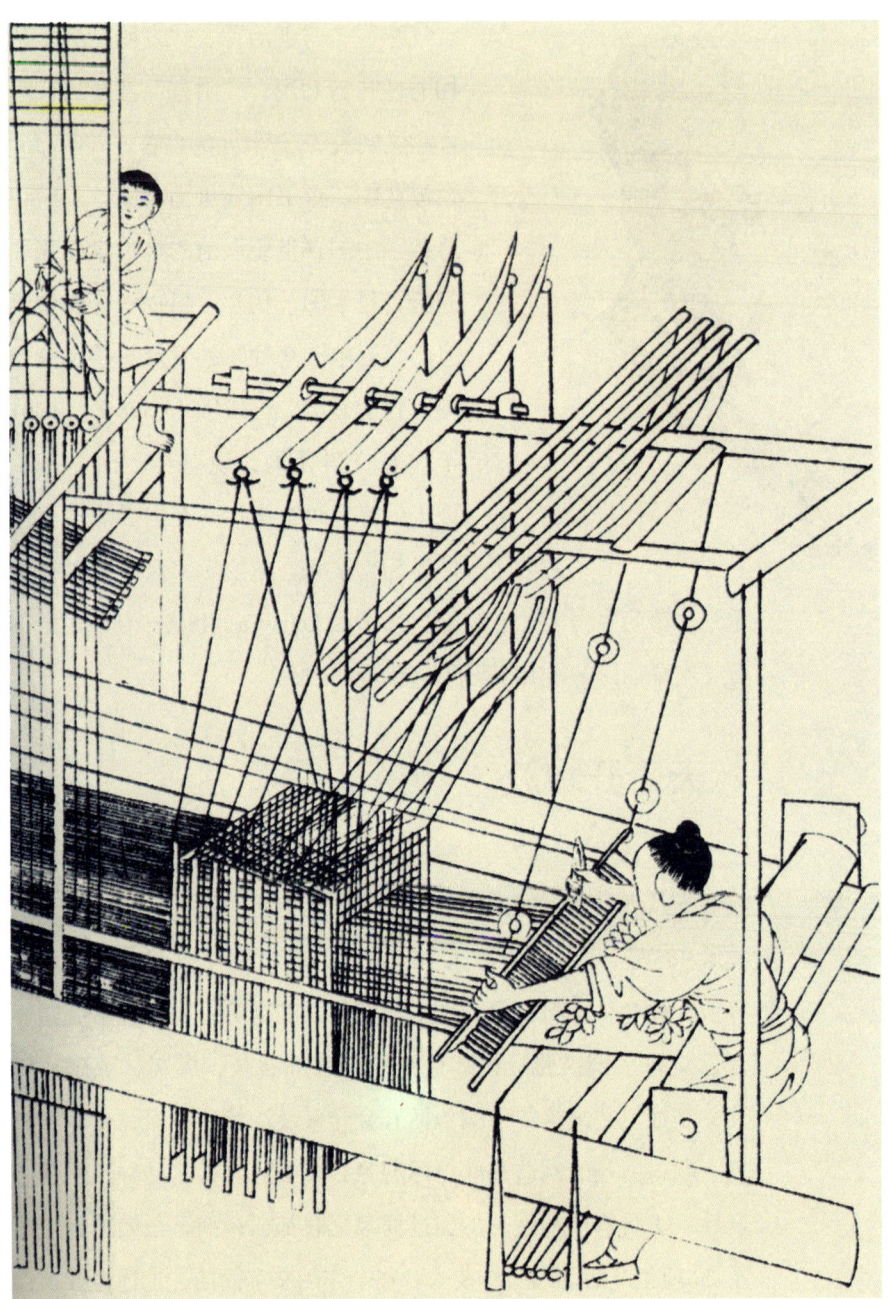

《天工开物》书影

术成就进行了总结,具有重要的科学价值。作品一问世就引起极大关注,被好几个国家翻译,但是在中国却失传了,直到1920年才从日文译成中文。

《农政全书》

明徐光启(1562—1633)著。徐光启生于农业发达的江苏松江地区,他一生热爱农业,在为父亲丁忧的三年间,在家乡进行了较大规模的农业耕种试验,后又几次赴天津进行农业试验,写

徐光启和利玛窦(Matteo Ricci, 1552—1610)在一起。

农人耕作场景

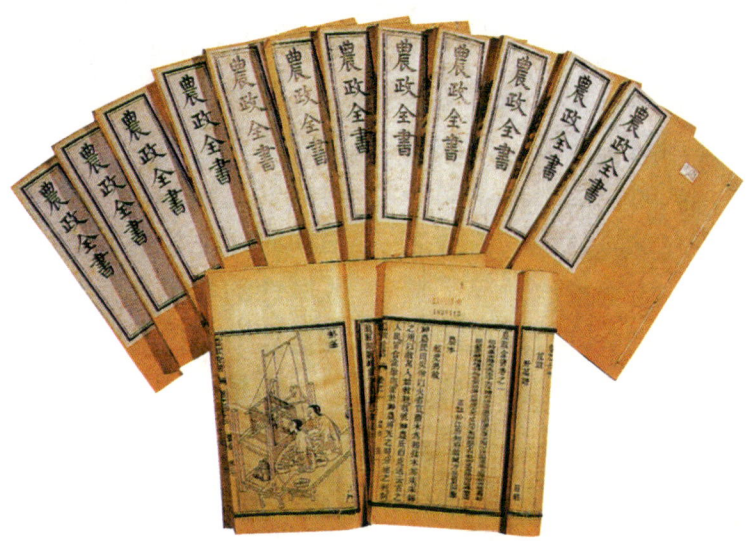

《农政全书》书影

出这部农业百科全书。他死在任上,是朋友帮助将这部书于崇祯十二年(1639)刊行的。全书60卷,70多万字,分农本、田制、水利、农器、树艺、蚕桑、种植、牧养、制造、荒政等门,除总结自己种植粮食作物和棉花的成功经验外,还对水利和荒政以较大篇幅进行了研究。他研究了中国历代的荒年,甚至仔细研究了111次蝗灾的具体情况。他认为要彻底消灭荒年就要大兴水利,比如在大西北,与其耗费运力从东南运送粮食,不如开垦西北荒地,大兴水利,把大西北建成产粮基地。书中辑录了大量前代和当时的文献,也提出作者的心得和见解,是明代重要的农业科学巨著。

附录：中国历史年代简表

旧石器时代	约170万年前—1万年前
新石器时代	约1万年前—4000年前
夏	公元前2070年—公元前1600年
商	公元前1600年—公元前1046年
西周	公元前1046年—公元前771年
春秋	公元前770年—公元前476年
战国	公元前475年—公元前221年
秦	公元前221年—公元前206年
西汉	公元前206年—公元25年
东汉	公元25年—公元220年
三国	公元220年—公元280年
西晋	公元265年—公元317年
东晋	公元317年—公元420年
南北朝	公元420年—公元589年
隋	公元581年—公元618年
唐	公元618年—公元907年
五代	公元907年—公元960年
北宋	公元960年—公元1127年
南宋	公元1127年—公元1279年
元	公元1206年—公元1368年
明	公元1368年—公元1644年
清	公元1616年—公元1911年
中华民国	公元1912年—公元1949年
中华人民共和国	公元1949年成立